Das
Affenpuzzle
und weitere bad news
aus der Computerwelt

Springer-Verlag Berlin Heidelberg GmbH

David Harel

Das
Affenpuzzle
und weitere bad news
aus der Computerwelt

 Springer

David Harel
Fakultät für Mathematik und Informatik
Weizmann-Institut
76100 Rehovot
Israel
e-mail: harel@wisdom.weizmann.ac.il

Übersetzer

Markus Junker
Institut für Mathematische Logik
Albert-Ludwigs-Universität Freiburg
Eckerstraße 1
79104 Freiburg im Breisgau
e-mail: junker@mathematik.uni-freiburg.de

Die Deutsche Bibliothek - CIP-Einheitsaufnahme

Harel, David:
Das Affenpuzzle und weitere bad news aus der Computerwelt / David Harel. Aus dem Engl.
übers. von M. Junker. – Berlin ; Heidelberg ; New York ; Barcelona ; Hongkong ; London ;
Mailand ; Paris ; Tokio : Springer, 2002

ISBN 978-3-642-62678-4   ISBN 978-3-642-56261-7 (eBook)
DOI 10.1007/978-3-642-56261-7

Englische Originalausgabe:
Computers Ltd.: what they really can't do
Oxford University Press 2000

Mathematics Subject Classification (2000): 68Q01

Einbandgestaltung: Künkel + Lopka, Heidelberg

Satz: Datenerstellung durch den Übersetzer unter Verwendung eines Springer LATEX-Makropakets

Gedruckt auf säurefreiem Papier   SPIN 10838405   46/3142/LK - 5 4 3 2 1 0

Vorwort

1984 brachte das *TIME*-Magazin eine Titelgeschichte über Computersoftware. In dem ausgezeichneten Artikel wurde der Herausgeber einer Software-Zeitschrift zitiert:

> *Geben Sie einem Computer die richtige Software, und er wird tun, was immer Sie wünschen. Die Maschine selbst mag ihre Grenzen haben, doch für die Möglichkeiten von Software gibt es keine Grenzen.*

Das ist falsch. Vollkommen falsch. Einfach zusammengefaßt geht es in diesem Buch darum, die Tatsachen zu beschreiben und zu erklären, welche diese Behauptung widerlegen oder besser: zerschmettern.

Natürlich sind Computer unglaublich. Sie stellen zweifelsohne die wichtigste Erfindung des 20. Jahrhunderts dar. Sie haben unsere Lebensweise dramatisch und unwiderruflich verändert, weitgehend zum besseren. Aber das sind die guten Nachrichten, und um gute Nachrichten geht es in den meisten Computerbüchern. Dieses Buch dagegen befaßt sich mit den schlechten Nachrichten, mit den negativen Seiten der Sache.

Computer sind teuer: Das ist bereits eine schlechte Nachricht. Sie entmutigen uns: Programmieren ist ein mühsames Geschäft, und Computer zu bedienen, kann auch schwierig sein. Sie sind verführerisch und locken uns fort von wichtigeren Dingen. Sie machen Fehler; sie brechen zusammen; sie sind anfällig für Viren – und so weiter. Aber um diese Art schlechter Nachrichten geht es uns hier gar nicht. Ziel dieses Buches ist es, einen der wichtigsten und grundlegendsten Aspekte der Computerwelt zu erklären und zu veranschaulichen: nämlich die ihr innewohnenden Beschränkungen.

Üblicherweise gibt es drei Arten von Erklärungen, wenn Computer nicht das können, was man gerne möchte: zu wenig Geld, zu wenig Zeit oder zu wenig Hirn. Wenn wir reicher wären, so die Argumentation, könnten wir uns größere und komplexere Rechner kaufen, auf denen bessere Software läuft. Wenn wir jünger wären oder eine größere Lebenserwartung besäßen, könnten wir auf das Ende zeitraubender Berechnungen warten. Und wenn wir schlauer wären, fänden wir vielleicht bessere Lösungen. All dies sind gültige und gewichtige Punkte, denen wir nicht widersprechen wollen. Wenn uns von diesen drei Ressourcen mehr zur Verfügung stünde, könnte uns das tatsächlich viel weiter bringen. Dennoch geht es in den meisten Teilen unseres Buches auch nicht um diese Nöte. Wir konzentrieren uns vielmehr auf schlechte Nachrichten, die *bewiesen, dauerhaft* und *robust* sind und Probleme betreffen, welche zu lösen Computer einfach nicht in der Lage sind, ungeachtet unserer Hardware, Software, Begabung oder Geduld. Und mit „bewiesen" meinen wir *mathematisch bewiesen*, nicht nur experimentell erwiesen.

Warum interessieren wir uns für diese schlechten Nachrichten? Sollten Informatiker ihre Zeit nicht darauf verwenden, alles kleiner, schneller, einfacher, zugänglicher und leistungsfähiger zu machen? Natürlich sollten sie das, und die große Mehrheit von uns tut es auch. Trotzdem bemühen sich Wissenschaftler schon seit 1930 und jährlich zunehmend darum, die andere Seite der Medaille zu verstehen, die den Computer weniger großartig dastehen läßt, indem sie die ihm innewohnenden Schwächen entdecken und immer besser verstehen lernen.

Diese Suche ist vierfach motiviert:

– *Um die intellektuelle Neugier zu befriedigen.* Ebenso, wie Physiker die letztendlichen Grenzen des Universums bestimmen wollen oder die Beschränkungen durch die Gesetze der Physik, möchten die Informatiker herausfinden, was von einem Computer berechnet werden kann und was nicht, und wie teuer es ist, wenn es geht.[1]

---

[1] Um einen breitgefächerten Eindruck von den Beschränkungen zu erhalten, an denen Wissenschaftler interessiert sind, siehe J. D. Barrow

– *Um vergebliche Anstrengungen zu verhindern.* Immer wieder versuchen sich auch kenntnisreiche Experten an Computerproblemen, von denen sich dann herausstellt, daß verheerend schlechte Nachrichten auf sie zutreffen. Je besser wir diese Probleme verstehen, desto weniger werden wir unsere Zeit und Energie auf solche Anstrengungen verschwenden.

– *Um die Entwicklung neuer Paradigmen anzustoßen.* Parallelität, Randomisierung, Heuristiken, Quanten- und Molekularcomputer sind fünf der meistversprechenden und spannendsten Forschungsgebiete innerhalb der Informatik. Sie hätten sich in dieser Art nicht ohne die Antriebskraft der schlechten Nachrichten entwickelt.

– *Um ansonsten Unmögliches zu ermöglichen.* Das Unmögliche zu ermöglichen?! Das ist doch paradox! Wie in aller Welt können wir hoffen, aus schlechten Nachrichten *Nutzen* zu ziehen? Wir wollen die Spannung bis zu Kapitel 6 erhalten; deshalb hier nur die Bemerkung, daß es sich um einen unerwarteten Gesichtspunkt unserer Geschichte handelt, der aber überraschend nützlich für uns ist.

So viel zur Motivation. Was nun die Natur der zu besprechenden schlechten Nachrichten anlangt, so betrachten Sie die Fülle der aufregenden Bestrebungen, Rechner mit menschenähnlicher Intelligenz auszustatten. In ihrer Folge sind eine Unmenge an Fragen über die Grenzen der Berechenbarkeit aufgetreten: etwa ob Computer Firmen leiten, medizinische Diagnosen erstellen, Musikstücke komponieren oder gar sich verlieben könnten. Trotz vielversprechenden und oft staunenswerten Fortschritten (allerdings weniger beim letzten Punkt), werden wir diese Fragen mit Ausnahme des letzten Kapitels vermeiden, da sie in einer ungenauen, vagen Art gestellt sind. Stattdessen konzentrieren wir uns auf präzis definierte Computerprobleme, die mit völlig klar umrissenen Zielen einhergehen. Denn dies ermöglicht es auch, ebenso klare Aussagen darüber zu fällen, ob sie zufriedenstellend gelöst werden können oder nicht.

Impossibility: The Limits of Science and the Science of Limits, Oxford University Press 1998 (dt. *Die Entdeckung des Unmöglichen. Forschung an den Grenzen des Wissens*, Spektrum Akademischer Verlag 2001).

Die Sachverhalte, die wir besprechen werden, sind nicht anfecht-bar. Es kommen keine philosophischen oder halbwissenschaftlichen Argumente darin vor. Es geht um harte Tatsachen, exakt formu-liert und mathematisch bewiesen. Sie würden Ihre Zeit nicht damit verschwenden, nach Dreiecken zu suchen, deren Winkelsumme bei 150° oder 200° liegt – obwohl niemand je in der Lage war, jedes einzelne Dreieck zu untersuchen –, weil bewiesen wurde, daß solche Dreiecke nicht existieren.[2] Ähnlich sinnlos ist es, nach der Lösung eines Computerproblems zu suchen, von dem bewiesen wurde, daß es keine Lösung geben kann. Solche Probleme werden wir bespre-chen. Das gleiche gilt für Probleme, die zwar Lösungen besitzen, von denen aber bewiesen wurde, daß sie absurd große Computer benötigen würden (zum Beispiel viel größer als das ganze Univer-sum) oder eine absurd hohe Rechenzeit (zum Beispiel mehr als die seit dem Urknall vergangene Zeit). Auch viele solcher Probleme werden wir besprechen.

Den meisten Menschen sind die in unserem Buch besproche-nen Sachverhalte unbekannt. Das *TIME*-Zitat zeigt, daß dies leider auch in der Computerbranche gilt. Das ist wirklich ein Unglück. Man könnte es verstehen, wenn es sich bei den schlechten Nachrichten um ein esoterisches, erst kürzlich entdecktes Phänomen handelte, dem man noch nicht begegnet wäre. In Wahrheit sind Teile unse-rer Geschichte schon seit 60 Jahren bekannt, lange bevor die ersten Computer überhaupt gebaut waren. Die meisten anderen Ergebnisse stammen aus den letzten 30 Jahren.

Weitgehend müssen wir, die Forscher in der Informatik, uns selbst tadeln. Wir haben viel zu wenig getan, um die Grundlagen unserer Wissenschaft darzustellen, an Beispielen zu beleuchten und verständlich zu machen – insbesondere ihre negativen Seiten. Denn dadurch bleibt der Laie im allgemeinen glückselig, unbekümmert und frei, den technologischen Fortschritten in Hard- und Software staunend zu folgen, sich an spannenden neuen Anwendungen zu erfreuen und sich an den futuristischen Möglichkeiten zu weiden,

---

[2] Es geht hier natürlich um ebene Dreiecke. Auf einer (annähernd) kugel-förmigen Oberfläche wie der Erde ist die Winkelsumme tatsächlich größer als 180°.

welche Echtzeit-Kommunikation, Multimedia, virtuelle Welten, künstliche Intelligenz und die globale Revolution durch das Internet eröffnen.

Es gibt keinen Grund, das Fest abzubrechen. Wir sollten uns weiterhin um Größeres und Besseres bemühen. Trotzdem ist ein Maß an Bescheidenheit angebracht: Computer sind *keine* Alleskönner, bei weitem nicht. Und dies ist ein wirkliches Problem, das uns erhalten bleiben wird.

Danksagung

Dieses Buch gründet auf meinem älteren Buch *Algorithmics: The Spirit of Computing*, Addison-Wesley 1987 (2. Auflage 1992), und zwar auf dem Teil „schlechte Nachrichten in der Informatik". *Algorithmics* ist kein allgemeinverständliches Wissenschaftsbuch. Es ist umfangreicher und viel technischer als dieses Buch und bespricht auch die guten Nachrichten. Es wurde für eine fachlich orientierte Leserschaft geschrieben; die zweite Auflage kann auch als Unterrichtsbuch dienen. Einige Teile des vorliegenden Buches stammen tatsächlich aus *Algorithmics*, wurden aber zum Teil erheblich vereinfacht und allgemeinverständlicher dargestellt. Ich möchte Addison-Wesley-Longman für die Erlaubnis danken, dieses Material zu verwenden. Dank auch an *IEEE Spectrum* für die Erlaubnis, „Jims Telefongespräche" von R. W. Lucky in Kapitel 7 bearbeiten zu dürfen.

Ich bin meinem Arbeitgeber, dem Weizmann-Institut in Israel, immer äußerst dankbar, denn es stellt eine ideale Umgebung für ein solches Unterfangen dar, mit aller nötigen Unterstützung und Ermutigung. Dank gebührt auch dem Fachbereich Informatik der Cornell University, Ithaca NY, wo ich das Universitätsjahr 1994/95 verbrachte und große Teile des Buches schrieb.

Wie in allen meinen Übersichtsarbeiten ist es mir ein Vergnügen, den Einfluß dreier meiner Kollegen anzuerkennen, die allesamt Forscher höchsten Ranges sind: Amir Pnueli, Adi Shamir und Shimon Ullman.

Zusätzlich zu allen, deren ich bereits in *Algorithmics* gedacht habe, möchte ich folgenden Freunden und Kollegen danken – dafür, daß sie Teile des Manuskripts gelesen und kommentiert oder Tips und Literaturhinweise geliefert haben: Dorit Aharonov, Liran

Carmel, Judith Gal-Ezer, Stuart Haber, Lila Kari, Noam Nissan, Christos Papadimitriou und Ran Raz.

Januar 2000   *David Harel*

Danksagung des Übersetzers

Der Übersetzer möchte Professor H.-D. Ebbinghaus, Markus Frick, Christine Heeg sowie seiner Familie herzlich für ihre Hilfe danken.

Freiburg im Breisgau, Juli 2001   *Markus Junker*

Inhaltsverzeichnis

1 Worum geht es überhaupt?

Computer sind erstaunlich. Sie scheinen alles zu können. Sie steuern Flugzeuge und Raumschiffe, sie regeln Kraftwerke und gefährliche chemische Fabriken. Unternehmen würden ohne sie nicht funktionieren, und bei vielen medizinischen Behandlungen dürfen sie nicht fehlen. Sie helfen Anwälten oder Richtern, die nach Urteilen suchen, und dienen Wissenschaftlern und Ingenieuren bei hochkomplizierten mathematischen Berechnungen. Sie leiten und kontrollieren Millionen gleichzeitiger Telefongespräche und bewältigen die immensen Datenbewegungen in globalen Netzwerken wie dem Internet. Sie führen Aufgaben durch, die große Genauigkeit erfordern: vom Kartenlesen über Schriftsatz und Bildverarbeitung zu robotergestützter Produktion und der Erstellung integrierter Schaltkreise. Sie helfen den Menschen bei vielen langweiligen Alltagsmühen und liefern ihnen gleichzeitig Unterhaltung durch Computerspiele oder das Vergnügen, im Internet zu surfen. Nicht zuletzt arbeiten die heutigen Computer hart daran, die noch leistungsfähigeren Computer von morgen zu entwerfen.

Es ist daher umso erstaunlicher, daß ein digitaler Computer – selbst der modernste und komplexeste – nur eine große Ansammlung von **Bits** genannten Schaltern ist, von denen jeder an oder aus sein kann. „An" wird mit 1, „aus" mit 0 bezeichnet. In der Regel ist der Wert eines Bits elektronisch bestimmt, etwa dadurch, daß ein gewisser Punkt eine positive oder negative Ladung trägt. Tatsächlich kann ein Computer technisch gesehen nur eine kleine Anzahl äußerst einfacher Operationen mit den Bits durchführen, wie den Wert eines Bits umzuschalten, ihn auf 0 zu setzen oder ein Bit zu testen (was bedeutet, eine bestimmte Sache zu tun, wenn es an ist, und eine andere, wenn es aus ist).

Computer können sich in der Größe unterscheiden (also in der
Anzahl der zur Verfügung stehenden Bits), in der internen Organi-
sation, in den möglichen elementaren Operationen und in der Geschwindigkeit, mit der diese ausgeführt werden. Sie können sich
auch in ihrem Aussehen und in ihrer Verbindung zur Außenwelt
unterscheiden. Aber diese Äußerlichkeiten sind zweitrangig im Vergleich zu den Bits und ihrer Verknüpfung untereinander. Es sind die
Bits, welche Eingaben aus der Außenwelt „wahrnehmen", und es
sind die Bits, welche über die entsprechende Ausgabe „entscheiden".
Die Eingaben können über Tastaturen, *touch screens* (berührremp-
findliche Bildschirme)*, Konsolen oder Kabel erfolgen, oder sogar
über Mikrofone, Kameras und chemische Sensoren. Die Ausgabe
wird der Außenwelt durch Bildschirme, Leitungen, Drucker, Laut-
sprecher, Piepser, Roboterarme oder anderes vermittelt.

Wie tun sie das? Was verwandelt so einfache Operationen wie
das Vertauschen von Nullen und Einsen in die unglaublichen Leistungen der Computer? Die Antwort findet sich in den Konzepten,
die der Wissenschaft von der Berechenbarkeit zugrunde liegen: also
im *Berechnungsprozeß* und in dem ihn steuernden *Algorithmus* oder
Programm.

Algorithmen

Stellen Sie sich eine Küche vor: Sie enthält einen Vorrat an Zutaten, eine Reihe von Küchengeräten, einen Ofen und einen (menschlichen) Bäcker. Das Backen ist ein Prozeß, bei dem ein Kuchen
hergestellt wird: *aus* den Zutaten, *durch* den Bäcker, *mit Hilfe* des
Ofens und, am wichtigsten, *gemäß* dem Rezept. Die Zutaten sind die
Eingabe (*Input*) des Prozesses, der Kuchen ist die **Ausgabe** (*Out-
put*) und das Rezept der **Algorithmus**. In der Welt elektronischer

---

* Englische Fachausdrücke habe ich mich bemüht, dem Sprachgebrauch
  folgend zu übernehmen oder zu übersetzen. In Klammern steht dann eine
  annähernde Übersetzung bzw. der Originalbegriff. *Anm. des Übers.*

Berechnung sind die Rezepte oder Algorithmen Teil der **Software**, wohingegen die Geräte und der Ofen die **Hardware** darstellen; siehe Abbildung 1.1.

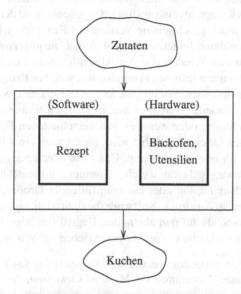

Abb. 1.1. Einen Kuchen backen

So wie Computer nur Operationen mit den Bits ausführen können, hat der Bäcker oder die Bäckerin mit dem Ofen und den Geräten nur wenige unmittelbare Möglichkeiten. Diese „kuchenbackende Hardware" kann schütten, mischen, rühren, kneten, formen, den Ofen anschalten, die Ofentür öffnen, Zeit und Mengen abmessen usw. Aber sie kann nicht selbst Kuchen backen. Das Herz der Angelegenheit bilden die Rezepte – diese magischen Vorschriften, mit deren Hilfe selbst Laien die beschränkten Möglichkeiten der Küchengeräte nutzen können, um Zutaten in Kuchen zu verwandeln –, nicht die Öfen oder die Bäcker.

In unserer Welt werden die Rezepte Algorithmen genannt, und ihr Studium und das Fachwissen darüber wurde **Algorithmik**[1] getauft.

Die Analogie mit dem Backen kann folgendermaßen verstanden werden: Das Rezept, als eine abstrakte Gegebenheit, ist der Algorithmus; die formale, geschriebene Version des Rezeptes, wie man sie in einem Kochbuch findet, entspricht dem **Computerprogramm**, also der genauen Wiedergabe des Algorithmus in einem speziellen, von Computern lesbaren Formalismus, welcher **Programmiersprache** genannt wird. Wichtig ist folgendes: Ebenso, wie sich ein Rezept nicht ändert, ob man es nun in Deutsch, Französisch oder Latein aufschreibt, oder wenn es von verschiedenen Personen an verschiedenen Orten ausgeführt wird, bleibt auch ein Algorithmus der gleiche, ob er nun in Fortran, C, Cobol oder Java geschrieben ist, und unabhängig davon, welcher Computer ihn ausführt, mag es ein ultraleichter *Laptop* oder ein raumfüllender Großrechner sein. Der allgemeine Ausdruck **Software** bezieht sich eigentlich eher auf Programme als auf den abstrakten Begriff des Algorithmus, da Software für wirkliche Computer geschrieben ist. Wir werden aber

---

[1] Das Wort „Algorithmus" ist von dem Namen des arabisch-persischen Mathematikers Muhammed Ibn Musa Al Chwarismi, der im neunten Jahrhundert lebte, abgeleitet. Ihm wird zugeschrieben, Verfahren entwickelt zu haben, um die Grundrechenarten für Dezimalzahlen schrittweise auszuführen. Im Lateinischen wurde sein Name zu „Algorismus", wovon sich „Algorithmus" herleitet. Der erste geschichtlich überlieferte (und nicht-triviale) Algorithmus wurde zwischen 400 und 300 v. Chr. von dem griechischen Mathematiker Euklid erfunden. Dieser sogenannte **euklidische Algorithmus** findet den größten gemeinsamen Teiler (ggT) zweier natürlicher Zahlen, d. h. die größte Zahl, welche beide teilt. Zum Beispiel ist 16 der ggT von 80 und 32.

Das Wort „Algorithmik" wurde anscheinend von J. F. Traub (*Iterative Methods for the Solution of Equations*, Prentice Hall 1964) geprägt. Als Name für das einschlägige Studiengebiet wurde es von D. E. Knuth („Algorithmic Thinking and Mathematical Thinking", *American Math. Monthly* **92** (1985), S. 170–181) und dem Autor (in *Algorithmics: The Spirit of Computing*, Addison-Wesley 1987) vorgeschlagen.

diese Unterscheidung verwischen, weil die in den folgenden Kapiteln erzählte Geschichte auf beides zutrifft.

Elementare Anweisungen

Führen wir den gastronomischen Vergleich mit einem Rezept für Schokoladencrème[2] ein wenig weiter. Die Zutaten – also die Eingabe des Rezeptes – bestehen aus 250 g halbbitterer Schokolade, 2 Teelöffeln Wasser, einer halben Tasse Puderzucker, 6 Eiweißen und Eigelben, usw. Die Ausgabe wird als sechs bis acht Portionen deliziöser *Mousse au chocolat* beschrieben.

Die Schokolade mit 2 Teelöffeln Wasser im Wasserbad schmelzen, dann den Puderzucker unterrühren und anschließend stückweise die Butter hinzufügen. Vom Feuer nehmen. Die Eigelbe schlagen, bis sie dicklich und zitronenfarben sind (etwa 5 Minuten), und dann sachte unter die Schokoladenmasse ziehen. Falls nötig, leicht erhitzen, um die Schokolade wieder zum Schmelzen zu bringen. Rum und Vanille einrühren. Die Eiweiße schaumig rühren, dann mit zwei Teelöffeln Zucker steif schlagen und sacht unter die Schokoladen-Ei-Masse heben. In einzelne Schälchen abfüllen und mindestens 4 Stunden lang kühl stellen. Falls gewünscht, mit Schlagsahne servieren. Ergibt 6 bis 8 Portionen.

Dies ist die nötige „Software" für die Zubereitung der Crème: ein Algorithmus, der den Prozeß beschreibt, wie die *Mousse* aus den Zutaten hergestellt wird. Der Prozeß selbst wird von der Person ausgeführt, welche die Crème zubereitet, und zwar mit Hilfe der „Hardware" – in diesem Fall den verschiedenen Geräten wie Topf, Herdplatte, Rührgerät, Löffel, Kurzzeituhr usw.

Eine der Grundanweisungen oder elementaren Handlungen in diesem Rezept lautet „den Puderzucker unterrühren". Warum sagt

---

[2] Aus Sinclair und Malinowski *French Cooking*, Weathervane Books 1978, S. 73.

das Rezept nicht: „ein wenig Puderzucker nehmen, ihn in die geschmolzene Schokolade schütten, umrühren; etwas mehr nehmen,
schütten, rühren …"? Oder etwas genauer, warum sagt es nicht:
„2 365 Körnchen Puderzucker nehmen, in die geschmolzene Schokolade schütten, einen Löffel nehmen und ihn kreisförmig bewegen,
um den Zucker einzurühren"? Oder, um ganz genau zu sein, warum
nicht „seinen Arm in einem Winkel von 14° auf die Zutaten zube-
wegen, mit einer ungefähren Geschwindigkeit von 45 Zentimetern
pro Sekunde …"? Die Antwort ist natürlich klar: Die „Hardware"
weiß, wie man Puderzucker in geschmolzene Schokolade einrührt,
und braucht keine weiteren Angaben.

Weiß die Hardware möglicherweise auch, wie man die gezucker-
te und gebutterte Schokoladenmasse herstellt? In diesem Fall könnte
man den gesamten ersten Teil des Rezeptes ersetzen durch „Schokoladenmasse herstellen". Wenn man dies bis ins Äußerste treibt, weiß
die Hardware vielleicht sogar, wie man alles macht. Dann könnte
man das ganze Rezept durch „*Mousse au chocolat* herstellen" ersetzen. In der Tat ein perfektes Rezept für Schokoladencrème: Es ist klar
und genau, enthält offenbar keine Fehler und garantiert (bei sachge-
rechter Durchführung), daß die geforderte Ausgabe wie gewünscht
hergestellt wird.

Offenbar ist die Detailgenauigkeit sehr wichtig, wenn es zu den
elementaren Anweisungen eines Algorithmus kommt. Die Handlungen, deren Ausführung in einem Algorithmus gefordert werden,
müssen zugeschnitten sein auf die Fähigkeiten der Hardware, die ihn
ausführen soll. Auch sollten diese Handlungen dem menschlichen
Verständnisvermögen angepaßt sein. Da Algorithmen von Menschen entwickelt werden, müssen sich Menschen davon überzeugen
können, daß sie korrekt arbeiten. Außerdem sind es Menschen,
welche die Algorithmen „warten" und möglicherweise für einen
zukünftigen Einsatz verändern.

Betrachten wir ein anderes Beispiel, das gewöhnlichen Compu-
teraufgaben näher liegt: natürliche Zahlen von Hand zu multiplizieren. Angenommen, wir sollen 528 mit 46 malnehmen. Das übliche
„Rezept" dafür ist, erst die 8 mit der 6 zu multiplizieren, was 48
ergibt, davon die Einerstelle 8 niederzuschreiben und sich die Zeh-

nerstelle 4 zu merken. Dann wird die 2 mit der 6 malgenommen und die 4 dazugezählt. Vom Ergebnis 16 wird die Einerstelle 6 links von der 8 aufgeschrieben und die Zehnerstelle 1 merkt man sich. Und so weiter.

Die gleichen Fragen können auch hier gestellt werden: Warum „8 mit 6 multiplizieren"? Warum nicht „in einer Multiplikationstabelle den Eintrag in der achten Reihe und sechsten Spalte nachschauen" oder „6 achtmal zu sich selbst addieren"? Umgekehrt, warum können wir das ganze Problem nicht in einem Schlag durch den einfachen und zufriedenstellenden Algorithmus „multipliziere 528 mit 46" lösen? Die letzte Frage ist ziemlich heikel: Wir dürfen 8 mit 6 in einem malnehmen, nicht aber 528 mit 46. Warum nicht?

Wieder ist die Detailgenauigkeit entscheidend dafür, ob wir den Algorithmus akzeptieren. Wir nehmen an, daß die einschlägige Hardware (in diesem Fall wir selbst) fähig ist, 8 mal 6 direkt auszurechnen, nicht aber 528 mal 46. Deshalb darf das erste als elementare Anweisung in einem Multiplikationsalgorithmus benutzt werden, das zweite nicht.

Diese Beispiele beleuchten auch, daß verschiedene Probleme mit verschiedenen Arten elementarer Handlungen verbunden sind. Backrezepte erfordern es zu rühren, zu vermischen, zu schütten oder zu erhitzen. Zahlen zu multiplizieren erfordert es, Ziffern malnehmen, addieren und sich Zahlen merken zu können. Um eine Telefonnummer nachzuschauen, könnte es nötig sein, Seiten umzuschlagen, an Listen mit dem Finger hinabzugleiten und einen gegebenen Namen mit dem angezeigten zu vergleichen. In gewisser Weise sind diese Unterschiede für Computeralgorithmen aber unwichtig, wie wir später sehen werden.

Text und Prozeß

Angenommen, uns liegt die Personalliste eines Unternehmens vor. Jeder Eintrag enthält den Namen der oder des Angestellten, den Lohn und ein paar andere Angaben. Wir möchten nun die Gesamtsumme aller Löhne kennen. Ein möglicher Algorithmus sieht so aus:

1. „Merke dir" die Zahl 0;
2. gehe die Liste durch, addiere jeweils den Lohn des Angestellten zur gemerkten Zahl und merke dir die Summe;
3. gib die gemerkte Zahl aus, wenn das Ende der Liste erreicht ist.

Offensichtlich tut dieser Algorithmus das Gewünschte. Die „gemerkte Zahl" sollte man sich als eine Art Kasten vorstellen, der eine Zahl enthält, deren Wert sich ändern kann. Solch ein Objekt wird oft eine **Variable** genannt. In unserem Fall beginnen wir mit dem Wert 0. Nach der ersten Addition in Zeile 2 ist der Wert auf den Lohn des ersten Angestellten gesetzt. Nach der Addition für den zweiten Angestellten beträgt der Wert die Summe der Löhne der beiden ersten Angestellten, und so weiter. Am Ende hat die gemerkte Zahl als Wert die Summe sämtlicher Löhne (siehe Abbildung 1.2).

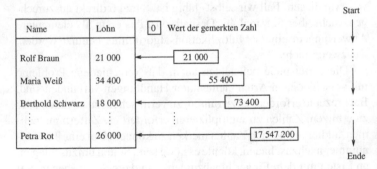

Abb. 1.2. Löhne aufsummieren

Interessanterweise besteht dieser Algorithmus aus einem kurzen *Text* von fester Länge, beschreibt aber einen *Prozeß*, der sich mit der Größe der Angestelltenliste verändert und sehr, sehr lange dauern kann. Zwei Unternehmen, eines mit zehn und ein zweites mit einer Million Angestellten, können beide denselben Algorithmus benutzen, um die Löhne ihrer jeweiligen Angestellten aufzusummieren. Der Prozeß wird aber für die erste Firma viel schneller als für die zweite laufen. Außerdem ist nicht nur der Text des Algorithmus kurz und von fester Länge, er braucht auch für beide Unternehmen nur eine einzige Variable (jeweils die „gemerkte Zahl"). Also ist auch die Menge der Hilfsmittel klein und festgeschrieben. Natürlich wird der *Wert* der gemerkten Zahl für das größere Unternehmen größer sein, aber durch den ganzen Prozeß hindurch muß nur eine einzige Zahl gemerkt werden.

Wir haben also einen festen Algorithmus, den man in verschiedenen Situationen benutzen kann, ohne etwas an ihm ändern zu müssen.

Eingaben

Selbst das einfache Beispiel der Lohnsummen zeigt eine Vielfalt möglicher Eingaben: kleine Unternehmen, große Unternehmen, Unternehmen, in denen einige Löhne 0 € betragen, oder Unternehmen, in denen alle Löhne gleich sind. Der Algorithmus muß auch mit ungewöhnlichen oder sogar seltsamen Eingaben umgehen können: zum Beispiel mit Unternehmen ohne einen einzigen Angestellten oder mit Angestellten, die ein negatives Gehalt beziehen (was bedeuten würde, daß die Angestellten für das Vergnügen der Arbeit zahlen).

In der Tat erwartet man von dem Lohnalgorithmus, daß er für eine *unendliche* Anzahl von Angestelltenlisten vernünftig arbeitet. Dies könnte man als extreme Fassung des Prinzips „ein kurzer Algorithmus für einen langen Prozeß" auffassen: Nicht nur die Unterschiede in Länge und Dauer sind interessant; auch die *Anzahl* der Prozesse, die durch einen Algorithmus fester Größe bestimmt werden, kann sehr groß sein. Meist ist sie sogar unendlich.[3]

Die Eingabe eines Algorithmus muß **zulässig** für ihren Zweck sein. Dies bedeutet, daß zum Beispiel die Bestsellerliste der *New York Times* als Eingabe für den Lohnsummen-Algorithmus nicht annehmbar ist, ebenso wie Erdnußbutter und Gelatine als Zutaten im

---

[3] Dieser Sachverhalt der unendlich vielen möglichen Eingaben paßt nicht in den Rezeptvergleich, da ein Rezept zwar problemlos funktionieren sollte, so oft man es benutzt, die Zutatenmengen jedoch üblicherweise festgeschrieben sind. Daher hat ein Rezept normalerweise nur eine mögliche Eingabe. Man könnte aber das Schokoladencrème-Rezept allgemeiner gestalten für sich proportional verändernde Zutatenmengen.

Mousse-au-chocolat-Rezept unannehmbar sind. Wir brauchen also eine **Spezifizierung** der erlaubten Eingaben: Jemand muß genau entscheiden, welche Angestelltenlisten zulässig sind und welche nicht, wo der Eintrag für einen Angestellten endet und der nächste beginnt, wo genau in jedem Eintrag der Lohn zu finden ist, ob die Zahl ausgeschrieben ist (zum Beispiel 64 000 €) oder abgekürzt (z. B. 64 k €), und so weiter.

Was können Algorithmen?

All dies führt uns auf den zentralen Begriff, welcher der Welt der Algorithmik zugrunde liegt, nämlich auf den Begriff des **algorithmischen Problems**: Was soll ein Algorithmus lösen? Die Beschreibung eines algorithmischen Problems muß zwei Teile beinhalten (siehe Abbildung 1.3):

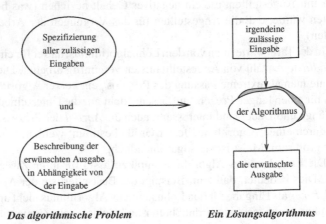

Das algorithmische Problem   *Ein Lösungsalgorithmus*

Abb. 1.3. Ein algorithmisches Problem und seine Lösung

– eine genaue Beschreibung der zulässigen Eingaben;
– eine genaue Beschreibung der gewünschten Ausgabe in Abhängigkeit von der Eingabe.

Wenn wir das algorithmische Problem mit einer ganz bestimmten Eingabe betrachten (wie das Lohnsummenproblem mit einer bestimmten Angestelltenliste), so nennen wir dies eine **Instanz** des Problems.

Es folgen nun weitere Beispiele für algorithmische Probleme. Jedes davon ist, wie es sich gehört, durch die Menge zulässiger Eingaben und eine Beschreibung der gewünschten Ausgabe bestimmt. Sie sind durchnumeriert, und wir werden verschiedentlich in den folgenden Kapiteln auf sie zurückkommen.

Problem 1

Eingabe: Zwei Zahlen J und K.

Ausgabe: Die Zahl $J^2 + 3K$.

Dies ist ein einfaches Problem, welches eine arithmetische Berechnung aus den beiden Eingabezahlen erfordert.

Problem 2

Eingabe: Eine Zahl K.

Ausgabe: Die Summe der Zahlen von 1 bis K.

Dies ist ebenfalls ein arithmetisches Problem, aber die Anzahl der zu bearbeitenden Zahlen ändert sich mit der Eingabe.

Problem 3

Eingabe: Eine Zahl K.

Ausgabe: „Ja", falls K eine Primzahl ist, und „nein" andernfalls.

Dies ist ein sogenanntes Entscheidungsproblem: über den Zustand der Eingabezahl muß entschieden werden. (Zur Erinnerung: Eine **Primzahl** ist eine natürliche Zahl größer als 1, die nur durch 1 und sich selbst ohne Rest geteilt werden kann. Beispielsweise sind 2, 17 und 113 Primzahlen; 6, 91 und 133 sind es nicht. Nicht-Primzahlen werden **zusammengesetzt** genannt.) Um dieses Problem zu lösen, braucht man mit Sicherheit einiges an Arithmetik; jedoch wird keine Zahl ausgegeben, sondern nur „ja" oder „nein".

Problem 4

Eingabe: Eine Liste L von Wörtern der deutschen Sprache.

Ausgabe: Die Liste L in alphabetischer (= lexikographischer) Ordnung.

Dieses Problem ist nicht arithmetischer Natur, aber wie Problem 2 muß es mit einer wechselnden Anzahl von Elementen (hier: Wörtern) umgehen.

Problem 5

Eingabe: Zwei Texte in deutscher Sprache.

Ausgabe: Eine Liste der Wörter, die in beiden Texten vorkommen.

Auch hier geht es um Wörter, nicht um Zahlen. Wir nehmen an, daß ein „Text" angemessen definiert worden ist, zum Beispiel als eine Folge von Symbolen wie Buchstaben, Satz- oder Leerzeichen. Ein Wort in einem Text wäre dann eine Folge von Buchstaben, die von Leer- oder Satzzeichen eingeschlossen ist.

Problem 6

Eingabe: Eine Straßenkarte mit Entfernungsangaben an Straßenabschnitten, sowie zwei Städte A und B auf der Karte.

Ausgabe: Die Beschreibung einer kürzesten Straßenverbindung zwischen A und B.

Hierbei handelt es sich um ein Suchproblem, welches Punkte und Abstände zwischen ihnen behandelt. Um einen kürzesten Weg zu finden, braucht man eine Art Optimierungsprozeß.

Problem 7

Eingabe: Eine Straßenkarte mit Entfernungsangaben an Straßen-abschnitten, sowie eine Zahl K.

Ausgabe: „Ja", falls es eine Rundreise durch alle auf der Karte ver-zeichneten Städte gibt, die weniger als K Kilometer beansprucht; „nein", falls eine solche Reise unmöglich ist.

Hier geht es ebenfalls um die Suche nach einem kürzesten Weg, aber nicht zwischen zwei gegebenen Punkten, sondern zwischen *allen* Punkten. Auch ist das Problem nicht als Optimierungspro-blem gestellt (also eine „beste" Rundreise zu finden), sondern als Entscheidungsproblem: Gibt es eine weniger als K km lange Rundreise oder nicht?

Problem 8

Eingabe: Ein in Java geschriebenes Programm P mit einer Ein-gabevariablen X für natürliche Zahlen und einer Ausgabevariable Y, sowie eine Zahl K.

Ausgabe: Die Zahl $2K$, falls das Programm P den Wert von Y stets auf X^2 setzt, und $3K$ sonst.

Dieses Problem betrifft Algorithmen in ihrem formellen Gewand als Programme. Es geht darum, etwas über das allgemeine Verhal-ten eines gegebenen Programmes zu erfahren, nicht darum, was mit einer besonderen Eingabe passiert.

Algorithmische Probleme haben also alle möglichen Arten von Ein-gaben: Zahlen, Wörter, Texte, Karten, sogar andere Algorithmen oder Programme. Manche Probleme sind wirklich rechnerischer Natur, andere betreffen Umordnungen (Beispiel: Sortierung). Manche beinhalten Informationssuche (*retrieval* – Beispiel: gemein-same Wörter finden). Manche sind Optimierungsprobleme (Bei-spiel: kürzester Weg), andere Entscheidungsprobleme (Beispiele: Primzahltests und Rundreise). Ein **Entscheidungsproblem** ist also ein algorithmisches Problem mit Ausgabe „ja" oder „nein". Bei Entscheidungsproblemen scheint zunächst nicht gerechnet, nach Informationen gesucht oder optimiert zu werden, sondern nur *ent-*

schieden, ob eine Eigenschaft wahr oder falsch ist. Manche algorithmischen Probleme sind Mischformen. Problem 8 zum Beispiel verbindet Entscheiden mit Rechnen: Die Ausgabe ist das Ergebnis einer von zwei einfachen Rechnungen, aber welche es ist, hängt von einer Eigenschaft der Eingabe ab, über die erst zu entscheiden ist. Diese Musterprobleme haben alle unendlich viele zulässige Eingaben. Um sie zu lösen, müssen wir in der Lage sein, mit *allen* Zahlen zu rechnen, *alle* Wörterlisten zu sortieren, den kürzesten Weg in *allen* Straßenkarten zu finden und so weiter. Anders ausgedrückt: Jedes Problem benötigt eine Methode, ein gemeinsames Vorgehen oder Rezept, welche *jede* Instanz des Problems löst. Dabei ist die Anzahl möglicher Instanzen in der Regel unendlich. Aus solch einer Methode besteht ein Algorithmus.

Viele algorithmische Probleme des täglichen Lebens lassen sich nicht so einfach bestimmen. Manchmal besteht die Schwierigkeit darin, die erwünschte Ausgabe zu präzisieren, zum Beispiel, wenn man in einem Schachspiel nach dem besten Zug fragt (was genau bedeutet „best"?). In anderen Fällen kann es schwierig sein, die Eingabe zu beschreiben. Angenommen, 20 000 Zeitungen müssen auf 1 000 Verkaufsstellen in 100 Städten mit Hilfe von 50 Lastwagen verteilt werden. Die Eingabe enthält dann die Entfernungen zwischen den Städten und zwischen den einzelnen Verkaufsstellen, die Anzahl der an jeder Stelle benötigten Zeitungen, die gegenwärtige Position jedes Lastwagens, Angaben über die verfügbaren Fahrer, insbesondere ihren derzeitigen Aufenthaltsort, das Fassungsvermögen jedes Lastwagens, Größe des Tanks und Benzinverbrauch. Die Ausgabe sollte aus einer Liste bestehen, die Fahrer und Bestimmungsorte so auf die Lastwagen verteilt, daß die Gesamtkosten für das Unternehmen möglichst klein sind. Das Problem erfordert einen Algorithmus, der für *alle* Anzahlen von Zeitungen, Städten, Verkaufsstellen und Lastwagen funktioniert.

Manche Probleme haben beides: schwierig zu beschreibende Eingaben und schwierig zu präzisierende Ausgaben. Zum Beispiel Wettervorhersagen oder Bewertungen von Börseninvestitionen.

In diesem Buch werden wir nur einfach aussehende Probleme behandeln, die in der Regel leicht beschreibbare Ein- und Ausgaben besitzen. Wir werden uns sogar weitgehend auf Entscheidungsprobleme konzentrieren. Die Beschreibung der Probleme wird also leicht und die Ausgabe üblicherweise nur „ja" oder „nein" sein.

Vereinfachen wir nicht zu sehr?

Sind wir nicht dabei, alles übermäßig zu vereinfachen? Computer sind mit weitaus komplizierteren Aufgaben beschäftigt als nur eine einfache Eingabe zu lesen, ein bißchen zu arbeiten, dann mit „ja" oder „nein" zu antworten und abzuschalten. Schwächen wir unsere Darstellung nicht außerordentlich ab, indem wir den modernen Computeralltag vernachlässigen mit interaktivem Arbeiten, verteilten Systemen, *Embedded*-Echtzeit-Systemen, graphikintensiven Anwendungen, Multimedia und der gesamten Welt des Internets? Zu mir, dem Autor, mögen Sie insgeheim sagen: „Bist du auch nur einer von diesen verknöcherten Akademikern? Hast du denn *gar keine* Ahnung von Computern? Hör auf mit diesem simplen Gerede über Eingabe/Arbeit/Ausgabe. Komm zu den richtigen Sachen!"

In der Tat, wir vereinfachen wirklich und sogar ziemlich radikal. Aber aus gutem Grund. Zur Erinnerung: Wir interessieren uns für *schlechte* Nachrichten. In diesem Buch geht es nicht darum, etwas besser, kleiner, stärker oder schneller zu machen, sondern darum zu zeigen, daß in dieser Hinsicht oft *nichts* verbessert werden *kann*. Daß die Dinge extrem unangenehm werden können. Daß manche Aufgaben einfach unlösbar sind. Da wir hinter diesen schlechten Nachrichten her sind, werden unsere Argumente und Behauptungen *stärker* und nicht schwächer, wenn wir eine einfachere Klasse von Probleme betrachten! Wir werden zeigen, daß selbst in einem einfachen Berechenbarkeitsrahmen die Verhältnisse katastrophal liegen können; umso schlimmer in einem kniffligen und anscheinend ausdrucksstärkeren.

Die Tatsache, daß Computer hoffnungslos beschränkt sind, wird in einem einfachen Eingabe-Ausgabe-Berechnungsparadigma *noch* bemerkenswerter als in einem komplizierteren. Da es sich außerdem in diesem Buch fast ausschließlich um Entscheidungsprobleme handelt, haben die schlechten Nachrichten offensichtlich nichts mit der Notwendigkeit komplizierter und langwieriger Ausgaben zu tun.

Allein der Wunsch, ein einfaches „ja" oder „nein" zu erhalten, reicht
aus, wahre Alpträume zu erzeugen.

Algorithmische Probleme lösen

Ein algorithmisches Problem ist **gelöst**, wenn ein geeigneter
Algorithmus gefunden ist. Was aber heißt „geeignet"? Nun, der
Algorithmus muß für zulässige Eingaben korrekte Ausgaben liefern:
Für jede im Problem festgelegte zulässige Eingabe muß der Algo-
rithmus also, wenn er damit **ausgeführt** wird (oder damit **läuft**),
die im Problem beschriebene zugehörige Ausgabe erzeugen. Ein
Lösungsalgorithmus, der nur für *einige* der Eingaben gut arbeitet,
ist nicht gut genug.

Für die meisten der oben beschriebenen Musterprobleme ist es
einfach, eine Lösung zu finden. $J^2 + 3K$ auszurechnen ist banal
(natürlich unter der Annahme, daß wir über die elementaren Operationen der Addition und Multiplikation verfügen), und ebenso, die
Zahlen von 1 bis K aufzusummieren. In letzterem Fall brauchen wir
natürlich einen **Zähler**, um zu verfolgen, wie weit wir gekommen
sind, und um den Prozeß anzuhalten, sobald wir K verrechnet haben.

Um zu testen, ob eine Zahl K prim ist, teilen wir sie durch alle
natürlichen Zahlen von 2 bis $K - 1$. Wir halten an und sagen „nein",
wenn eine von ihnen K teilt, bzw. halten an und sagen „ja", wenn
bei allen Divisionen ein Rest geblieben ist.[4]

---

[4] Dieser Algorithmus kann natürlich verbessert werden: Wir können statt
bei $K - 1$ bereits bei $\sqrt{K}$, der Wurzel aus K, aufhören, nach Teilern
zu suchen. Denn wenn K einen Teiler besitzt, der größer als $\sqrt{K}$ ist, so
auch einen, der kleiner als $\sqrt{K}$ ist. Wir können es auch vermeiden, Vielfache von bereits geprüften Zahlen zu testen, und so den Prozeß weiter
beschleunigen. Auch einige der anderen Probleme können effizienter
gelöst werden als durch unsere Vorschläge. Effizienz und praktische
Anwendbarkeit von Algorithmen behandelt dieses Buch allerdings erst
später, deshalb wollen wir jetzt nicht näher darauf eingehen. Im Augenblick geht es uns nur um die Minimalanforderung, nämlich daß der
Algorithmus tatsächlich das Problem löst, also korrekte Ausgaben für
zulässige Eingaben liefert, auch wenn er es umständlich tut.

Problem 4 kann durch viele verschiedene Sortieralgorithmen gelöst werden. Als ein einfaches Beispiel suche man immer wieder nach dem kleinsten Element in der Liste L, streiche es heraus und füge es der wachsenden Ausgabeliste an. Der Prozeß hält an, sobald die ursprüngliche Liste L leer ist.

Die Probleme 6 und 7 können dadurch gelöst werden, daß man sämtliche möglichen Verbindungen zwischen Städten betrachtet (also Verbindungen zwischen A und B im Problem 6 und Rundreisen durch alle Städte im Problem 7) und ihre jeweiligen Längen berechnet. Da es nur endlich viele Städte gibt, ist auch die Anzahl der Verbindungen endlich – der Algorithmus kann also so konstruiert werden, daß er sie alle durchgeht. Dies sollte allerdings sorgfältig geschehen, damit keine Verbindung übersehen und keine Verbindung häufiger als nötig betrachtet wird.

Wie bereits erwähnt, werden wir auf einige dieser Musterprobleme in den folgenden Kapiteln zurückkommen.

Programmieren

Wir sollten einen wichtigen Aspekt ansprechen, obwohl er nicht entscheidend für das Hauptanliegen dieses Buches ist: Wie werden Algorithmen von wirklichen Computern ausgeführt? Wie überbrücken Computer die Kluft zwischen ihren äußerst bescheidenen Fähigkeiten, Operationen mit den Bits auszuführen, und den vergleichsweise komplizierten Handlungen, die wir in der Beschreibung von Algorithmen benutzen? Wie kann zum Beispiel allein durch Manipulation der Bits eine so simpel aussehende Aufgabe wie „gehe die Liste durch und addiere jeweils den Lohn des Angestellten zur gemerkten Zahl" ausgeführt werden? Welche Liste? Wo findet der Computer diese Liste? Wo genau steht der Lohn? Wie geht er die Liste durch? Wie greift er auf die gemerkte Zahl zu? Und so weiter.

Wir haben bereits erwähnt, daß der Algorithmus dem Computer in einer exakten, unzweideutigen Weise zur Verfügung gestellt werden muß. Was Präzision und Eindeutigkeit anlangt, ist „gehe die Liste durch" nicht viel besser als „Eiweiß schaumig schlagen". Die Exaktheit wird erreicht, indem man dem Computer ein **Programm**

darbietet, das eine sorgsam formulierte und für die Ausführung durch
einen Computer geeignete Version des Algorithmus ist. Geschrieben wird ein Programm in einer **Programmiersprache**, welche die
Notationen und Regeln bereitstellt, mit deren Hilfe man Programme
für Computer schreibt.

Eine Programmiersprache benötigt eine strenge **Syntax**, die es
nur erlaubt, bestimmte Wörter und Symbole zu gebrauchen. Jeder Versuch, diese Syntax zu erweitern, könnte verhängnisvoll werden. Falls beispielsweise „**input** K" in einer Sprache geschrieben
wird, deren Eingabebefehle „**read** K" lauten, dann wird das Ergebnis vermutlich ähnlich aussehen wie SYNTAX ERROR E4515 IN
LINE 108. Und natürlich können wir nicht hoffen, den Computer
mit Sätzen wie „bitte lies einen Wert für K aus der Eingabe ein"
oder „wie wäre es, wenn du mir einen Wert für K besorgst?" ansprechen zu dürfen. All das würde in einem undurchschaubaren Salat
langer Fehlermeldungen enden. Freilich sind nette und sprechende
Anweisungen, wie wir sie in Kochrezepten finden, angenehmer und
für Menschen eindeutiger als ihre knappen und unpersönlichen Ent-
sprechungen. Und wir bemühen uns natürlich auch, Computer so be-
nutzerfreundlich wie möglich zu gestalten. Aber da wir noch weit
von Computern entfernt sind, die eine frei fließende natürliche Sprache wie das Deutsche verstehen, ist ein formelles, prägnantes und
strenges System syntaktischer Regeln unentbehrlich.

Ein Algorithmus, der die Zahlen von 1 bis K aufsummiert,
könnte in einer typischen Programmiersprache folgendermaßen aussehen:

```
input K
X := 0
for Y from 1 to K do
    X := X + Y
end
output X
```

Mit diesem Programm verbinden wir folgende Absicht: Zunächst
wird die Eingabe K empfangen und der Variablen X (entspricht der
„gemerkten Zahl") der Ausgangswert 0 zugewiesen. Ihre Rolle ist

es, die im Laufe der Berechnung zunehmende Summe aufzunehmen. Dann erfolgt eine **Schleife**, die nach einem **Schleifenkörper**
(*body*) verlangt – hier die Zeile $X := X + Y$ zwischen den Befehlen **for** und **end** –, der wieder und wieder ausgeführt wird. Die
Schleife wird durch die Variable Y kontrolliert, die mit dem Wert
1 beginnt und immer wieder um 1 erhöht wird, bis sie den Wert
K erreicht: Dann wird zum letzten Mal $X := X + Y$ ausgeführt.
Dies bringt den Computer dazu, alle natürlichen Zahlen von 1 bis
K in dieser Reihenfolge zu betrachten, und in jeder Wiederholung
der Schleife wird die gerade betrachtete Zahl zu dem aktuellen Wert
von X addiert. So häuft sich in X die geforderte Summe an. Wenn
die Schleife zum letzten Mal durchlaufen ist, wird die letztendliche
Summe ausgegeben.

Bislang ist dies nur die von uns *beabsichtigte* Bedeutung des
Programms – das aber reicht nicht aus. Dem Computer muß diese beabsichtigte Bedeutung des Programms noch irgendwie beigebracht
werden. Dies geschieht durch eine sorgsam ersonnene **Semantik**,
welche jedem syntaktisch zulässigen Ausdruck der Programmiersprache eine unzweideutige Bedeutung zuweist. Ohne sie ist die Syntax wertlos. Falls die Bedeutungen der Sprache nicht mitgeliefert und
dem Computer irgendwie „erklärt" wurden, könnte der Programm-
teil „**for** Y **from** 1 **to** K **do**" auch genausogut „ziehe Y von 1 ab und
speichere das Ergebnis in K" bedeuten, anstatt wie beabsichtigt die
Kontrollzeile der Schleife zu sein. Schlimmer noch: Wer garantiert,
daß die Schlüsselwörter **for**, **to**, **do** zum Beispiel irgend etwas mit
ihrer Bedeutung im Englischen zu tun haben? Vielleicht bedeutet ja
das Programmstück „lösche den gesamten Speicher des Computers,
setze alle Variablen auf 0, gib ‚ZUM TEUFEL MIT PROGRAM-
MIERSPRACHEN' aus und halte an"! Wer sagt, daß „$:=$" für eine
Zuweisung und „$+$" für Addition steht? Und so weiter, und so weiter. Wir sind vielleicht in der Lage zu *raten*, was es bedeutet, da der
Entwickler der Sprache vermutlich Schlüsselwörter und besondere
Symbole so gewählt hat, daß ihre Bedeutung nahe an einer normalen
Verwendung liegt. Aber einen Computer können wir nicht so bauen,
daß er auf Grundlage solcher Annahmen handelt.

Zusammenfassend besteht also eine Programmiersprache aus strengen Regeln, welche die erlaubte *Form* eines zulässigen Programmes vorschreiben, zusammen mit ebenso strengen Regeln, die dessen *Bedeutung* vorgeben. Wenn wir nun unsere Algorithmen in einer solchen Sprache beschreiben (oder **kodieren**), werden sie nicht nur für den menschlichen Beobachter, sondern auch für den Computer eindeutig.

Sobald ein Programm vom Computer gelesen wird, durchläuft es eine Anzahl von automatisierten Umformungen mit dem Ziel, es auf die Ebene der Bit-Manipulationen zu bringen, also auf die Ebene, welche der Computer wirklich „versteht". Dann kann das Programm (oder genauer seine Entsprechung auf der niederen Ebene) laufen, also mit einer Eingabe ausgeführt werden (siehe Abbildung 1.4).[5]

Fehler und Korrektheit

Wenn uns eine schlaue Idee für einen Algorithmus kommt, wir den Algorithmus dann sorgfältig entwickeln und ihn formal als Programm aufschreiben, heißt dies noch nicht, daß alles getan ist. Betrachten wir folgende Beispiele:

– Vor einigen Jahren bekam ein älterer Herr kurz vor seinem 106. Geburtstag einen computererstellten Brief von der lokalen Schulbehörde. Der Brief enthielt ein Einschreibeformular für die Grundschule. Es stellte sich heraus, daß in der Bevölkerungsdatenbank nur zwei Ziffern für das Alter vorgesehen waren.
– Im Januar 1990 versagte ein AT&T-Schaltsystem in New York City, was einen umfangreichen Zusammenbruch des nationalen AT&T-Telefonsystems mit sich führte. Neun Stunden lang wurden fast die Hälfte aller über AT&T laufenden Telefongespräche

---

[5] Die Hauptumformung dabei heißt **Kompilierung**. Der **Compiler** – selbst ein Teil der Software – übersetzt ein Programm einer höheren Programmiersprache in ein semantisch gleichwertiges Programm, das in einem niedrigeren Format, der sogenannten **Assembler-Sprache**, geschrieben ist. Diese steht der **Maschinensprache**, d. h. der eigentlichen Bit-Manipulation, viel näher.

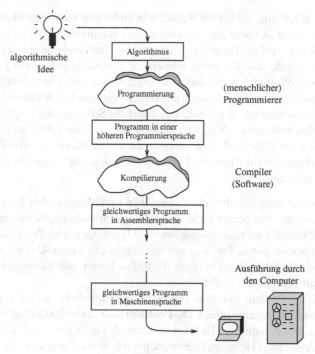

algorithmische
Idee

Algorithmus

Programmierung

(menschlicher)
Programmierer

Programm in einer
höheren Programmiersprache

Kompilierung

Compiler
(Software)

gleichwertiges Programm
in Assemblersprache

Ausführung durch
den Computer

gleichwertiges Programm
in Maschinensprache

Abb. 1.4. Vom Algorithmus zur Maschinensprache

falsch verbunden. Das Unternehmen verlor dadurch über 60 Millionen Dollar; hinzu kamen die hohen Verluste, welche Fluggesellschaften, Hotels und Banken erwuchsen und allen anderen Unternehmen, die vom Telefonnetz abhängen. Das Versagen war von einem Softwarefehler ausgelöst worden, der selbst den umfangreichen Software-Testmethoden von AT&T entgangen war. Und obwohl der Fehler nur in einem einzigen Programm auftrat, verursachte er eine Lawine von Problemen durch das ganze System hindurch, die schließlich im wesentlichen das ganze Netz zusammenbrechen ließ.

– Im Juni 1996 zerstörte sich die französische Rakete Ariane 5 weniger als eine Minute nach ihrem Abflug selbst, verursachte direkten und indirekten Schaden in Höhe von mehreren Milliarden Euro und warf das gesamte Ariane-Raumprojekt um mehrere Monate zurück. Gemäß den Worten des Untersuchungsausschusses wurde das Versagen von einem „vollständigen Verlust der Kontroll- und Zustandsinformationen 37 Sekunden nach Start der Zündungsfolge des Haupttriebwerkes" verursacht, „beruhend auf Spezifizierungs- und Designfehlern in der Software des Trägheitsreferenzsystems". Wie sich herausstellte, lag der Fehler an einer einzigen Zeile im Programmkode, die versuchte, eine 64-Bit-Zahl auf eine 16-Bit-Stelle im Computer zu laden, und einen *Overflow* verursachte.

Dies sind lediglich drei der zahlreichen Erzählungen über Softwareversagen, von denen viele in Katastrophen endeten, bisweilen in tödlichen. Es ist naiv anzunehmen, Algorithmen und Programme täten immer genau das, was wir uns vorgestellt haben. Um sie zum korrekten Arbeiten zu bringen, bedarf es langer und harter Arbeit, die oft ergebnislos bleibt.

Das Problem der Korrektheit ist erst kürzlich* in all seiner Schwere im sogenannten **Y2K-Problem** oder „Jahr-2000-Bug" zum Vorschein gekommen. Es wird erwartet, daß es zum Ende des Jahrhunderts einen Höhepunkt erreichen wird, wenn Computer, die nur zwei Ziffern zum Speichern von Jahreszahlen benutzen, mit solchen Jahren wie 00 oder 05 umgehen müssen. Zur Zeit weiß noch niemand, welches Ausmaß die Schwierigkeiten oder Katastrophen annehmen werden. Gewaltige Anstrengungen und riesige Geldsummen wurden investiert, um die Auswirkungen gering zu halten.[6] Ganz einfach ausgedrückt, wurde bei algorithmischen Problemen in der Vergangenheit nicht über die Jahre nach 1999 nachgedacht.

Korrektheit sicherzustellen ist deshalb besonders schwierig, weil Algorithmen für *jede* im Problem beschriebene zulässige Eingabe

---

* Geschrieben Mitte 1999. *Anm. des Übers.*

[6] Zusatz bei der Fahnenkorrektur (Anfang 2000): Zum Glück ging der Morgen des 1. Januar 2000 ohne größere Probleme vorüber. Anstatt Beifall zu spenden und für all die Vorarbeit dankbar zu sein, behaupteten seltsamerweise einige Leute, alles sei von Anfang an nur ein Scherz gewesen.

die richtige Ausgabe liefern müssen. Teillösungen sind inakzeptabel. Im Primzahlbeispiel (Problem 3) etwa wäre es lächerlich, wenn jemand einen Algorithmus vorschlüge, der für die Hälfte der Eingaben funktionierte: nämlich für die geraden Zahlen.[7] Als extremes Beispiel kann man folgenden Algorithmus für die Lohnsumme betrachten:

1. Liefere als Ausgabe 0.

Dieser „Algorithmus" funktioniert hervorragend für mehrere interessante Angestelltenlisten: Listen ohne jeden Angestellten; Listen von Angestellten, die alle 0 € verdienen; Listen, bei denen „positive" und „negative" Löhne sich genau ausgleichen. Natürlich reicht dies nicht aus. Unsere Algorithmen müssen für *alle* zulässigen Eingaben funktionieren. Dies ist eine strenge Voraussetzung: Wir wollen vollständige und narrensichere Lösungen. Kein „fast" oder „ungefähr". (In Kapitel 6 werden wir diese Forderungen etwas abschwächen; fürs erste aber sind dies die Regeln).

Häufig erfolgen Fehler, weil die Syntax der Programmiersprache nicht beachtet wird. Wenn wir „**read** *X*" schreiben, wo die Programmiersprache „**input** *X*" verlangt, oder ganz einfach nur das Wort „input" falsch schreiben, dann hat der Computer keine Möglichkeit herauszufinden, was wir meinen, und das Programm wird nicht laufen können oder Unsinn produzieren. Wir müssen also vorsichtig sein. Syntaxfehler sind allerdings nur ein lästiger Ausdruck der Tatsache, daß Algorithmen in einem formalen Gewand auftreten müssen, wenn sie auf Computern ausgeführt werden sollen.[8]

Viel schlimmer sind **logische Fehler**. Diese treten auf, wenn an einem Programm eigentlich nichts falsch ist, es aber nicht das gewünschte algorithmische Problem löst. Anders als Syntaxfehler sind logische Fehler berüchtigt dafür, schwer aufspürbar zu sein. Oft spiegeln sie Fehler in der Grundkonzeption des Algorithmus wider.

---

[7] 2 ist die einzige gerade Primzahl.

[8] Viele *Compiler* sind so gebaut, daß sie Syntaxfehler erkennen und dem Programmierer mitteilen, der sie dann meist mit kleinem Aufwand berichtigen kann.

Jemand sagte einmal, logische Fehler seien wie Nixen: Daß sie noch niemand gesehen habe, bedeute nicht, daß es sie nicht gebe.[9]

Logische Fehler in Algorithmen vermeiden zu wollen ist ein tiefgehendes und verwickeltes Thema, das außerhalb der Reichweite dieses Buches liegt. Die naive* Methode besteht darin, das Programm wiederholt mit verschiedenen Testeingaben auszuführen und die Ergebnisse zu prüfen. Dieser Prozeß wird **debugging**** genannt, ein Name mit einer interessanten Geschichte. Einer der ersten Computer hörte eines Tages auf zu arbeiten, und es stellte sich heraus, daß ein großes Insekt in einem entscheidenden Teil des Stromkreises eingequetscht war. Seitdem werden Fehler, meistens logische Fehler, liebevoll **Bugs** (Insekten) genannt.

All dies betrifft Algorithmen und Programme, also die Software. Was die Hardware anlangt, machen Computer weniger Fehler. Hardwarefehler sind heutzutage ziemlich selten geworden, trotz des berühmten *Bugs* von 1997 in Intels Pentium-II-Chip.

Wenn wir einen Fehler auf unserem Kontoauszug entdecken und uns erklärt wird, der Computer habe einen Fehler gemacht, so war es mit großer Sicherheit nicht der Computer, welcher sich geirrt hat, sondern einer der Bankangestellten, der mit dem Computerprozeß befaßt war. Entweder wurden dem Programm fehlerhafte Daten eingegeben, oder das (natürlich von einem Menschen geschriebene) Programm enthielt einen Fehler.

Aufhören

Ein Algorithmus, der seine Arbeit beendet, aber eine falsche Ausgabe erzeugt, ist nicht das einzig mögliche Ärgernis. Wenn Algorithmen und Programme wirklich das tun sollen, was wir wünschen, müssen wir uns noch um etwas anderes sorgen: nämlich um Algorithmen, die gar nicht aufhören zu arbeiten, sondern nach der Eingabe weiter und weiter laufen bis in alle Ewigkeit. Auch hier liegt

---

[9] Siehe G. D. Bergland „A Guided Tour of Program Design Methodologies", *Computer* **14** (1981), S. 13–37.

* „Naiv" wird mathematisch im Sinne von „naheliegend" oder „unkompliziert" gebraucht. *Anm. des Übers.*

** Fehlersuche; wörtlich: Ent-insekten, Entwanzen. *Anm. des Übers.*

offenbar ein Fehler vor. Wir wollen nicht, daß unsere Programme in Endlosschleifen geraten, d. h. in einer endlosen Berechnung gefangen werden. Die Ausführung eines Programmes mit irgendeiner der zulässigen Eingaben sollte nach endlicher Zeit beendet sein (und die Ausgabe muß natürlich korrekt sein).

Oft ist es ziemlich leicht zu sehen, wie man sicherstellen kann, daß der Algorithmus anhält. Stellen wir uns in einem einfachen Beispiel die Aufgabe, einen Primzahltest zu entwerfen. Angenommen, wir haben uns eher unklug entschlossen, nach der wörtlichen Definition einer Primzahl vorzugehen. Wir versuchen in unserem Algorithmus also, einen Teiler der Eingabezahl zu finden, indem wir der Reihe nach durch jede Zahl von 2 an teilen, ohne irgendwelche Schranken. Dieser ziemlich dumme Algorithmus würde offenbar unbeschränkt lange laufen, wenn er tatsächlich auf eine Primzahl angesetzt würde. Wie wir bereits gesehen haben, gibt es zum Glück offensichtliche Wege, wie man die Anzahl der Teilerkandidaten beschränken kann. Das garantiert dann das Anhalten.

Im Gegensatz dazu betrachte man das Problem 8 aus der obigen Liste. Hier scheinen wir in keiner glücklichen Lage zu sein: Ein Lösungsalgorithmus hat eine bestimmte Antwort zu geben, wenn sich das Eingabeprogramm P in einer gewissen Weise verhält, und eine andere, wenn es dies nicht tut. Anscheinend gibt es keinen anderen Weg für uns, diese Entscheidung zu treffen, als P *tatsächlich auszuführen*, und dieser Prozeß selbst könnte nicht anhalten. Schlimmer noch, es scheint als müssen wir P mit unendlich vielen Eingaben laufen lassen, nicht nur mit einer oder zwei. Im nächsten Kapitel werden wir auf dieses Problem zurückkommen.

2 Manchmal können wir es nicht

Die Aussage dieses Kapitels ist einfach und klar. Computer sind nicht allmächtig. Sie können nicht alles. Bei weitem nicht.

Wir werden Probleme besprechen, die von *keinem* Computer gelöst werden können. Von keinem vergangenen, heutigen oder zukünftigen, egal welches Programm auf ihm läuft, ob ihm unbegrenzt viel Zeit zur Verfügung steht oder ob wir ihn sogar mit unbegrenztem Speicherplatz und anderen Hilfsmitteln ausstatten könnten. Wir verlangen natürlich immer noch, daß Algorithmen und Programme bei jeder zulässigen Eingabe nach endlicher Zeit anhalten. Aber wir gestatten, daß diese Zeit unbegrenzt ist. Der Algorithmus mag also solange laufen, wie er will, und kann alle Hilfsmittel benutzen, die er in dem Prozeß benötigt, er muß nur irgendwann anhalten und das richtige Ergebnis liefern. Und dennoch: Wir werden interessante und wichtige Probleme kennenlernen, für die es selbst unter diesen großzügigen Bedingungen ganz einfach keinen Algorithmus geben kann – ganz unabhängig davon, wie intelligent wir sind, oder wie entwickelt und fähig unsere Computer, unsere Software, unsere Programmiersprachen oder unsere algorithmischen Methoden sind. Abbildung 2.1 soll schon einmal auf das Kommende vorbereiten.

Diese Tatsachen haben tiefe philosophische Auswirkungen: nicht nur auf die Grenzen von Maschinen wie den Computern, sondern auch auf unsere eigenen Grenzen als endliche Wesen. Auch wenn wir unbegrenzte Mengen an Stiften und Papier besäßen und eine unbegrenzte Lebenszeit, gäbe es exakt bestimmte Probleme, die wir nicht lösen könnten. Um das Wichtige daran zu betonen: Diese Tatsache betrifft nicht nur durch unser Hirn oder durch Maschinen ausgeführte Berechnungen. Sondern *Wissen*. Berechenbar ist nämlich gerade das, was wir durch sorgfältige schrittweise Prozesse aus dem,

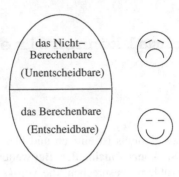

Abb. 2.1. Die Sphäre algorithmischer Probleme: 1. Fassung

was wir bereits wissen, herausfinden können. Die Grenzen der Berechenbarkeit sind die Grenzen des Wissens. Wir können uns einer Fragestellung mit Verständnis, einem tiefen Blick oder erstaunlichem Scharfsinn nähern, um Wissen darüber zu erlangen – aber es gibt schlüssige Hinweise dafür, daß letztendlich alles, was aus Tatsachen ableitbar ist, auch algorithmisch aus ihnen berechnet werden kann.

Manche lehnen es ab, solche weitreichenden Folgerungen aus rein algorithmischen Ergebnissen zu ziehen. Wir werden diese allgemeine Streitfrage hier nicht weiter verfolgen; sie verlangt eine breitere Darstellung. Stattdessen wollen wir bei den streng mathematischen Aspekten der reinen Algorithmik bleiben und die spekulativen und umstrittenen Facetten unserer Geschichte den Philosophen und Erkenntnistheoretikern überlassen.

Endliche Probleme sind lösbar

Zunächst sollten wir bemerken, daß jedes algorithmische Problem lösbar ist, wenn es über nur endlich viele mögliche Eingaben verfügt. Wenn das Problem also nur mit einer begrenzten endlichen Anzahl von Eingaben umzugehen hat, so gibt es dafür einen Lösungsalgorithmus. Denn angenommen, wir haben ein Entscheidungsproblem mit den einzig zulässigen Eingaben *input 1*, *input 2*,... , *input K*. Dann gibt es einen Algorithmus, der aus einer „Tafel" besteht, die jeder der *K* Eingaben die richtige Ausgabe zuordnet. Das könnte in einem Beispiel so aussehen:

1. Lies die Eingabe;
2. falls es *input* 1 ist, so gib „ja" aus und halte an;
3. falls es *input* 2 ist, so gib „nein" aus und halte an;
4. falls es *input* 3 ist, so gib „nein" aus und halte an;

⋮

$K + 1$. falls es *input* K ist, so gib „ja" aus und halte an.

Dies funktioniert natürlich deshalb, weil man in dem Algorithmus das ganze algorithmische Problem fest „verdrahten" kann, indem man alle (der endlich vielen) Eingabe-Ausgabe-Paare auflistet. Es könnte schwierig sein, diese Liste aufzustellen, also den tabellenartigen Algorithmus zu *konstruieren*. Diese übergeordnete Schwierigkeit soll uns hier jedoch nicht interessieren. Für unsere derzeitige Erörterung brauchen wir nur festzustellen, daß es für endliche Probleme stets Lösungen gibt. Wir kümmern uns jedoch nicht darum, wie sie zu finden sind.

Im Gegensatz dazu sind algorithmische Probleme mit *unendlich vielen* zulässigen Eingaben die wirklich interessanten. Hier wissen wir nicht einmal, ob *überhaupt* ein endlicher Algorithmus existiert, der die unendlich vielen verschiedenen Fälle behandelt. Dies wird uns in der Folge beschäftigen.

Das Dominoproblem

In unserem ersten Beispiel eines nicht-berechenbaren Problems geht es darum, eine große Fläche mit farbigen Fliesen zu kacheln. Eine **Fliese** hat dabei die Form eines 1×1-Quadrats, das durch die Diagonalen in vier farbige Dreiecke unterteilt ist. Wir nehmen außerdem an, daß die Fliesen eine feste Orientierung besitzen und nicht gedreht werden können.[1]

---

[1] Am Ende des Abschnittes könnten Sie versuchen, sich davon zu überzeugen, daß diese Annahme tatsächlich notwendig ist, allerdings nur in dieser Version des Dominoproblems. Stattdessen kann man leicht eine Variante definieren, wo das Drehverbot überflüssig ist, die schlechten Nachrichten aber dieselben bleiben. Bei dieser Variante müssen die Farben aneinanderstoßender Fliesen in bestimmten Paaren auftreten (z. B. rot gegen blau, grün gegen orange, usw.) anstatt übereinzustimmen.

Eine Eingabe des Problems besteht aus der Beschreibung von endlich vielen Fliesentypen, die wir zusammen als T bezeichnen wollen. Jeder Fliesentyp in T ist durch die Abfolge der vier Farben (z. B. oben, rechts, unten, links) bestimmt. Das Problem fragt nun danach, ob eine endliche, aber beliebig große Wand (von ganzzahliger Abmessung natürlich) mit Fliesen aus T gekachelt werden kann, und zwar so, daß die Farben an aneinanderstoßenden Kanten übereinstimmen. Von jedem Fliesentyp stehen unbegrenzt viele Exemplare zur Verfügung, aber in T gibt es nur eine endliche, begrenzte Anzahl von Fliesen*typen*.

Stellen Sie sich vor, Sie wollen Ihr Badezimmer kacheln. Die Eingabe T beschreibt die verschiedenen zur Verfügung stehenden Fliesenarten; die Farbregel stammt von den ästhetischen Ansprüchen Ihres Innenarchitekten. Wir hätten nun gerne im voraus die Frage beantwortet, ob *jede* Wand, von jeglicher Größe, mit den verfügbaren Fliesentypen gekachelt werden kann, ohne die Farbübereinstimmung zu verletzen.

Dieses algorithmische Problem und seine Varianten werden üblicherweise als **Dominoproblem** (engl. auch als *tiling problem*, d. h. Fliesenproblem) bezeichnet, wegen der an ein Dominospiel erinnernden Einschränkung an aneinanderstoßende Kanten.

Abbildung 2.2 veranschaulicht das Problem mit drei Fliesentypen und einer 5×5-Kachelung. Der Leser wird leicht nachprüfen, daß das Muster in der Abbildung in alle Richtungen ausgedehnt werden kann und somit eine Kachelung für eine beliebig große Wand liefert. Man sieht auch, daß dieses gekachelte Stück nur die drei vorgegebenen Fliesentypen benutzt und der Farbregel genügt. Wenn man aber wie in Abbildung 2.3 die unteren Farben der Fliesen (2) und (3) vertauscht, verändert sich die Situation drastisch. Jetzt können schon sehr schmale Bereiche nicht mehr gekachelt werden. Wie auch immer man beginnt, die Fliesen zu legen, kommt man sehr schnell in Situationen, in denen die Farben nicht mehr übereinstimmen. Abbildung 2.3 verdeutlicht dies. Ein Algorithmus für das Dominoproblem sollte also „ja" auf die Eingabe der drei Fliesentypen in Abbildung 2.2 antworten und „nein" für jene aus Abbildung 2.3.

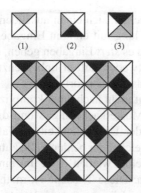

Abb. 2.2. Fliesentypen, die Wände jeder Größe kacheln können

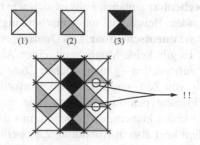

Abb. 2.3. Fliesentypen, die selbst kleine Wände nicht kacheln können

Können wir nun irgendwie die Argumente, mit denen wir diese Antworten gefunden haben, automatisieren bzw. „algorithmisieren"?

Die Antwort lautet „nein"[2], und dies in der stärkstmöglichen Weise:

Es gibt keinen Algorithmus, der das Dominoproblem löst, und es wird nie einen geben!

---

[2] H. Wang „Proving Theorems by Pattern Recognition", *Bell Syst. Tech. J.* **40** (1981), S. 1–42; R. Berger „The Undecidability of the Domino Problem", *Memoirs Amer. Math. Soc.* **66** (1966).

Sie können versuchen, sich einen auszudenken. Der mag dann tatsächlich eine Zeit lang mit einigen Eingaben ganz gut funktionieren. Dennoch wird es *stets* Eingaben geben, die Ihr Algorithmus falsch behandelt: Entweder läuft er unbegrenzt lange und hält nie an oder er legt die falsche Antwort vor.

Das Problem fragt nicht nach einer komplizierten Antwort, wie zum Beispiel einer Musterkachelung, wenn die Antwort „ja" ist, oder einem Beweis der Unmöglichkeit im Falle von „nein". Wir wollen nur wissen, welcher der beiden Fälle zutrifft. Trotzdem kann das Problem nicht gelöst werden. Und um ein Anliegen aus dem Vorwort aufzugreifen: Diese Tatsache ist mathematisch bewiesen. Das Problem hat keine Lösung und wird nie eine haben!

Algorithmische Probleme, die keine Lösung gestatten, werden **nicht-berechenbar** genannt. Falls es sich wie hier und in den meisten folgenden Beispielen um Entscheidungsprobleme handelt, nennt man sie **unentscheidbar**. Das Dominoproblem ist also unentscheidbar: Es gibt keine Möglichkeit, einen Algorithmus für einen Computer aufzustellen – gleich welchen Computer wir wählen, und unabhängig von Zeit- und Speicherplatzerfordernissen –, welcher zwischen Fliesentypen unterscheiden kann, mit denen alle Wände gekachelt werden können, und solchen, mit denen es nicht geht.[3] Das Problem liegt also in Abbildung 2.1 oberhalb der Linie.

---

[3] Es gibt eine leicht unterschiedliche Version des Dominoproblems: Wir haben bislang danach gefragt, ob die Fliesenmenge T benutzt werden kann, um endliche Gebiete beliebiger Größe zu kacheln. Stattdessen könnten wir auch fragen, ob T benutzt werden kann, um die ganze *unendliche* Ebene zu kacheln. Interessanterweise sind diese beiden Probleme vollständig gleichwertig: „Ja" für das erste Problem bedeutet auch "ja" für das zweite, und „nein" für das erste bedeutet auch „nein" für das zweite. Eine Richtung dieser Äquivalenz ist offensichtlich (nämlich wenn wir die ganze unendliche Ebene kacheln können, dann auch jedes endliche Gebiet). Das Argument für die Umkehrung ist dagegen ziemlich knifflig. Versuchen Sie es! Die unendliche Version des Dominoproblems ist also ebenfalls unentscheidbar.

Meinen wir das wirklich?

Behaupten wir wirklich, daß dieses Problem überhaupt keine algorithmische Lösung hat? Wie können wir die große Trennungslinie in Abbildung 2.1 rechtfertigen? Mit welchem Recht benutzen wir solche bedingungslosen Ausdrücke wie „nicht berechenbar" und „unentscheidbar"? „Vielleicht", mag der Leser behaupten, „kannst *du* es mit deinem Computer nicht lösen, mit deiner veralteten Systemsoftware, mittelmäßigen Programmiersprachen und altertümlichen algorithmischen Methoden und Tricks. Ich dagegen, ich besitze einen unglaublich schnellen Supercomputer, ich bin schlau genug, ich arbeite mit den tollsten Programmiersprachen und mit neuesten Methoden – *ich* kann das mit Sicherheit! ..."

Leider nein, lieber Leser, Sie können es nicht. Wenn wir ein Problem als nicht berechenbar oder als unentscheidbar bezeichnen, dann meinen wir das wirklich so: Sie können es nicht lösen, und kein anderer kann es, gleich wie reich, geduldig oder intelligent er ist.

Dennoch klingt die Behauptung sehr verwegen, wenn wir nicht wenigstens die elementaren Operationen einschränken. Wenn natürlich *alles* erlaubt ist, dann wird das Dominoproblem durch folgendes zweistufige Vorgehen gelöst:

1. Wenn mit den Fliesentypen aus der Eingabe Wände jeglicher Größe gekachelt werden können, gib „ja" aus und halte an;
2. ansonsten gib „nein" aus und halte an.

Ist dies denn keine Lösung? Dieses Verfahren besteht nur aus zwei elementaren Operationen und hält wie verlangt nach endlicher Zeit an. Außerdem wird es mit Sicherheit immer die richtige Ausgabe vorlegen.

Nun, wir müssen ein bißchen vorsichtig sein. Angenommen, wir haben eine Programmiersprache *Spr* festgelegt, um darin unseren Algorithmus auszudrücken, und einen Computer *Comp*, auf dem er laufen soll. Dabei soll *Comp* über soviel Zeit, soviel zusätzlichen Speicher und vergleichbare Hilfsmittel verfügen können, wie das Programm während der Ausführung verlangt. Nehmen wir ferner für den Augenblick an, daß wir mit „Algorithmen" tatsächlich „in

Spr geschriebene und auf *Comp* ausgeführte Programme" meinen.
Wenn wir in diesem Zusammenhang behaupten, daß „kein Algorithmus existiert", meinen wir in Wirklichkeit, daß kein Programm
in der gewählten Sprache *Spr* für den gewählten Computer *Comp*
geschrieben werden kann. Das klingt nun etwas weniger wild: Es
ist durchaus denkbar, daß einige Probleme unlösbar sind, wenn man
sich auf einen bestimmten Software-/Hardware-Rahmen beschränkt
(manchmal ein **Berechnungsmodell** genannt). Wir können nun die
zweizeilige „Lösung" von oben berechtigterweise zurückweisen,
wenn wir ihre Erfinder davon überzeugen, daß sie den Test in Zeile 1
nicht in ihrer gewählten Sprache *Spr* und auf ihrer Maschine *Comp*
durchführen können.

„In Ordnung", mögen die Verteidiger der Zwei-Zeilen-Lösung
sagen, „wir können das Problem also nicht auf diesem bestimmten Computer und mit dieser besonderen Sprache lösen, aber wir
könnten es lösen, wenn wir einen leistungsfähigeren Computer und
eine entwickeltere Programmiersprache hätten." Geht es nicht einfach nur darum, die richtige algorithmische Idee zu finden, die entsprechende Software auszutüfteln und das Ganze auf einer hinreichend leistungsstarken Maschine laufen zu lassen?[4]

Nein. Nicht im geringsten.

Die Situation ist sogar noch bemerkenswerter. Es ist nicht nur
jedes Berechnungsmodell fehlbar, insofern man spezielle Probleme
angeben kann, welche es nicht lösen kann. Sondern es gibt sogar
feste Probleme (und das Dominoproblem ist eines davon), die in
jedem Berechnungsmodell schlechte Nachrichten bedeuten. Diese
Probleme sind also unabhängig von der Wahl des Berechnungs-
modells nicht-berechenbar; sie sind *an sich* nicht-berechenbar.
Schlimmer noch: Die Experten glauben, daß dies nicht nur für alle
derzeit bekannten Berechnungsmodelle gilt, sondern für jede effektiv implementierbare Programmiersprache und für beliebige Computer, gleich welchen Typs, welcher Größe und Form, *heute und in
alle Zukunft*. Dies genau meinen wir, wenn wir von einem Problem
sagen, es sei nicht berechenbar.

---

[4] Vermutlich hatte dies der im Vorwort zitierte Interviewte des *TIME*-
Magazins im Sinn.

Wir wollen nun ein äußerst einfaches Berechnungsmodell beschreiben. Erstaunlicherweise reicht es zu zeigen, daß ein Problem *darin* nicht berechenbar ist: Aus dieser bescheidenen aussehenden Tatsache wird dann schon folgen, daß es tatsächlich in *überhaupt keinem* bekannten Modell gelöst werden kann – einschließlich der leistungsstärksten Computer, die man erfunden hat und in Zukunft erfinden wird.

Elementare Berechnungsmodelle

Wie einfach können wir ein allgemeines Berechnungsmodell überhaupt gestalten?

Als erstes können wir feststellen, daß jede in einem Algorithmus benutzte Art von Daten als eine Folge von Symbolen angesehen werden kann. Eine natürliche Zahl ist lediglich eine Folge von Ziffern, und eine rationale Zahl ist eine Folge von Ziffern mit einem Komma. Ein Wort der deutschen Sprache ist eine Folge von Buchstaben, und ein ganzer Text ist nur eine Folge von Symbolen wie Buchstaben, Leer- und Satzzeichen. Auch kompliziertere Objekte wie Listen, Tabellen, Verkehrsnetze, Graphen, Bilder, Videosequenzen und sogar ganze Datenbanken können auf diese Weise kodiert werden, indem man spezielle Begrenzungssymbole für neue Listenpunkte, Zeilenwechsel, Dateienden usw. verwendet.

Die Anzahl der in solchen Kodierungen verwendeten Symbole ist dabei endlich und kann sogar im voraus festgelegt werden. Darin steckt die Genialität eines Standard-Zahlensystems wie unseres Dezimalsystems: Wir brauchen nicht unendlich viele Symbole, etwa eines für jede Zahl, sondern zehn Symbole reichen, um alle Zahlen darzustellen.[5] Das gleiche gilt für Wörter, Texte und Bilder, da man nur eine endliche Anzahl an Buchstaben, Satzzeichen, Farbenschlüsseln oder speziellen Symbolen zum Schreiben von Texten oder zum Digitalisieren von Bildern braucht. Folglich können wir im Prinzip alle interessanten Daten auf ein eindimensionales **Band** schreiben. Dieses vielleicht sehr lange Band soll aus einer

---

[5] Das Binärsystem braucht sogar nur zwei, 0 und 1.

Folge von **Kästchen** bestehen, und jedes Kästchen enthalte ein Symbol aus einem festgelegten endlichen **Alphabet***. Um zusätzlich „Schmierpapier" während des Rechenvorgangs zur Verfügung zu haben, soll unser Band von (beidseitig) unbegrenzter Länge sein. Wir behaupten übrigens nicht, daß es *vorteilhaft* ist, mit derart primitiv kodierten Daten zu arbeiten, sondern nur, daß es *möglich* ist.

So viel zur Vereinfachung der Daten.

Kommen wir nun zur algorithmischen bzw. rechnerischen Arbeit. Wir statten unser Gerät nur mit den banalsten Fähigkeiten aus, anstatt mit großen Möglichkeiten, Daten zu manipulieren oder Berechnungen auf deren Grundlage auszuführen. Das Gerät darf zu einem festen Zeitpunkt nur auf ein einziges Kästchen des Bandes schauen, das darin stehende Symbol begutachten, es eventuell mit einem anderen Symbol aus dem endlichen Alphabet überschreiben und dann ein Kästchen nach rechts oder nach links rücken, um die nächste Handlung auszuführen. Um dem Gerät bei der Entscheidung zu helfen, welches Symbol es schreiben und in welche Richtung es sich danach bewegen soll, wird es mit einem äußerst beschränkten „Hirn" ausgestattet. Dieses Hirn ist eine Art Gangschaltung mit endlich vielen Positionen, die **Zustände** genannt werden. Zu jedem Zeitpunkt befindet sich das Gerät in einem dieser Zustände (d. h. hat einen der Gänge geschaltet). Abhängig von seinem Zustand und dem Symbol, das in dem gerade angeschauten Kästchen steht, fällt die Entscheidung, ob und wie das gerade angeschaute Symbol zu überschreiben ist und ob das Gerät sich anschließend nach rechts oder links bewegen soll.

Der soeben beschriebene Mechanismus wird eine **Turing-Maschine** genannt, nach dem englischen Mathematiker Alan M. Turing, der ihn 1936 gedanklich entwickelt hat.[6] Eine Turing-Maschine ist also äußerst einfach (siehe Abbildung 2.4). Sie tuckert an einem eindimensionalen Band entlang, von einem Kästchen zum

---

* Ein Alphabet im mathematischen Sinn ist eine endliche Menge von Symbolen, die nicht nur aus Buchstaben bestehen muß. *Anm. des Übers.*

[6] A. Turing „On Computable Numbers with an Application to the Entscheidungsproblem", *Proc. London Math. Soc.* **42** (1936), S. 230–265. Korrekturen hierzu in *ebda.* **43** (1937), S. 544–566.

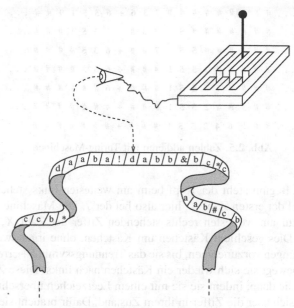

Abb. 2.4. Eine Turing-Maschine

nächsten, stets in einem von endlich vielen Gängen oder Zuständen befindlich. Dabei benutzt es ein sehr schwaches „Auge" – üblicherweise (Lese-/Schreib-)**Kopf** genannt –, um sich das Symbol in dem aktuellen Kästchen anzuschauen und es eventuell abzuändern. Dann „schaltet" die Maschine um und hüpft zu einem der beiden benachbarten Kästchen für den nächsten Schritt. Das ist alles.

Wir beschreiben nun (informell) eine Turing-Maschine, die so programmiert wurde, daß sie zwei Zahlen X und Y addiert (Sie sollten den nächsten Abschnitt überspringen, wenn die eher öde Beschreibung, wie eine primitiv aussehende Maschine Zahlen addiert, Sie langweilen könnte). Die Eingabezahlen sind durch das Symbol + getrennt auf das Band geschrieben. Der Rest des Bandes enthält nur Leerzeichen, die hier als # geschrieben werden. Abbildung 2.5 zeigt, von oben nach unten, einige „Aufnahmen" des Bandes während des Berechnungsvorgangs.

```
... # # # # # # # # # 7 3 6 + 6 3 5 1 9 # # ...

... # # # # # # # 5 ! 7 3 # + 6 3 5 1 # # # ...

... # # # # # # 5 5 ! 7 # # + 6 3 5 # # # # ...

... # # # # # 2 5 5 ! # # # + 6 3 # # # # # ...

... # # # # 4 2 5 5 ! # # # + 6 # # # # # # ...

... # # # 6 4 2 5 5 ! # # # + # # # # # # # ...

... # # ! 6 4 2 5 5 ! # # # + # # # # # # # ...
```

Abb. 2.5. Zahlen addieren mit Turing-Maschinen

Zu Beginn steht der Kopf beim am weitesten links stehenden Symbol der ersten Zahl X, hier also bei der 7. Die Maschine fährt dann zur am weitesten rechts stehenden Ziffer der Zahl X, also der 6. Dies geschieht Kästchen um Kästchen, ohne irgendwelche Änderungen vorzunehmen, bis sie das Trennungssymbol + erreicht, dann bewegt sie sich wieder ein Kästchen nach links. Diese Ziffer löscht sie dann, indem sie sie mit einem Leerzeichen überschreibt, merkt sich aber die Ziffer in ihrem Zustand. Dafür braucht sie also zehn verschiedene Zustände, einen für jede Ziffer. Dann fährt sie zur am weitesten rechts stehenden Ziffer von Y, der 9, löscht auch sie und geht in einen Zustand über, der sich an die Summe der beiden Ziffern erinnert und ob es einen Übertrag gibt. Dieser Zustand hängt nur von der gerade gelesenen Ziffer und der gemerkten ab, also brauchen wir nun weitere 20 Zustände: einen für jede mögliche Kombination aus der Einerstelle der Summe der beiden Ziffern und der Information „Übertrag" oder „kein Übertrag". Die Maschine bewegt sich dann nach links von dem, was von X übrig ist, und schreibt die Einerstelle der Summe nieder, in diesem Fall eine 5, nachdem sie ein neues Trennungssymbol, z. B. ein Ausrufezeichen, vorbereitend aufs Band geschrieben hat. Diese Situation ist in der zweiten Zeile der Abbildung veranschaulicht.

Der nächste Schritt ist ähnlich, betrifft aber die *nun* am weitesten rechts stehenden Ziffern (welche die von rechts aus zweiten Ziffern der Originalzahlen sind, in unserem Beispiel 3 und 1) und berücksichtigt den Übertrag, falls es einen gibt. Die neue Summen-

ziffer – im Beispiel wieder die 5 wegen des Übertrags – wird links
von der vorherigen geschrieben, und der Prozeß wird fortgesetzt.
Natürlich könnten einer der beiden Zahlen die Ziffern zuerst ausge-
hen. Dann wird einfach der übriggebliebene Teil der größeren Zahl,
nachdem ein möglicherweise vorhandener Übertrag addiert wurde,
auf die linke Seite kopiert, Ziffer um Ziffer. Am Schluß wird ein
zweites Ausrufezeichen ganz links hingeschrieben, damit die Ausgabe der Maschine als der zwischen den beiden Ausrufezeichen stehende Teil des Bandes erkannt werden kann, und die Maschine hält
an.

   Ufff ...

Die Church-Turing-These

Dieses Beispiel dürfte ein wenig überraschen. Turing-Maschinen
haben nur endlich viele Zustände, also ein endliches „Hirn", und
das einzige, was sie tun können, ist Symbole auf einem einzeiligen
Band zu überschreiben, eins nach dem andern. Trotzdem können sie
so programmiert werden, daß sie Zahlen jeglicher Größe und Gestalt addieren. Die Aufgabe ist vielleicht entmutigend und undank-
bar, die Methode der Maschine einfältig und schmerzlich langsam
(versuchen Sie, eine Turing-Maschine zu beschreiben, die Zahlen
multipliziert oder den Durchschnitt von N Gehältern ausrechnet!),
aber es funktioniert.

   Dies im Hinterkopf wollen wir Langeweile, Frustration und
Effizienz für einen Augenblick vergessen und nur danach fragen,
was denn tatsächlich mit Turing-Maschinen gemacht werden kann,
gleich wieviel es kostet und wie mühevoll es geschieht. Welche algorithmischen Probleme können durch eine geeignet programmierte
Turing-Maschine gelöst werden?

   Die Antwort darauf überrascht nicht nur ein wenig, sondern *sehr*:
Turing-Maschinen können jedes algorithmische Problem lösen, das
überhaupt effektiv gelöst werden kann! Anders ausgedrückt: Jedes
algorithmische Problem, das in *irgendeiner* Programmiersprache
programmiert und auf *irgendeinem* dafür geeigneten Computer ausgeführt werden kann (sogar auf Computern, die noch nicht gebaut

sind, aber prinzipiell gebaut werden könnten), und selbst wenn es unbeschränkt viel Zeit und Speicherplatz für immer größere Eingaben
benötigt – jedes solche Problem ist auch durch eine Turing-Maschine
lösbar!

Diese Behauptung ist eine Version der sogenannten Church-
Turing-These, nach Alonzo Church und Alan Turing. Beide stießen
in den 30er Jahren unabhängig voneinander darauf, im Anschluß an
Gödels Arbeiten über die Unvollständigkeit der Mathematik.[7]

Wir werden sie die „CT-These" nennen – sowohl für Church-
Turing als auch für *computability theory* (Berechenbarkeitstheorie).
Sie ist eine These und kein mathematischer Satz – dies ist wichtig! –, da sich Teile von ihr einem mathematischen Beweis ent-
ziehen. Denn einer der vorkommenden Begriffe, nämlich **effektive Lösbarkeit** oder **effektive Berechenbarkeit**, ist informell und
unpräzise. Die These behauptet die Gleichheit des mathematisch
präzisen Begriffs „durch eine Turing-Maschine lösbar" mit dem in-
formellen, intuitiven Begriff der „effektiven Lösbarkeit", der sich
auf sämtliche vergangenen, derzeitigen und zukünftigen Computer
und Programmiersprachen bezieht. Sie klingt daher mehr nach einer
wilden Spekulation als nach dem, was sie wirklich ist: eine tiefe und
weitreichende Aussage, die von zwei der angesehensten Pioniere der
Berechenbarkeitstheorie vorgebracht wurde. Und wir werden sehen,
daß ihre zukünftige Gültigkeit zwar nicht bewiesen werden kann,
solange die Zukunft noch nicht eingetroffen ist, ihre Aussage über
Vergangenes und Derzeitiges aber *bewiesen worden ist*.

Turing-Maschinen sind ein bißchen wie Schreibmaschinen. Eine
Schreibmaschine ist auch eine sehr primitive Art von Maschine.

---

[7] K. Gödel „Über formal unentscheidbare Sätze der Principia Mathematica und verwandter Systeme I", *Monatshefte für Mathematik und Physik*
38 (1931), S. 173–198; A. Turing „On Computable Numbers with an Application to the Entscheidungsproblem", *Proc. London Math. Soc.* **42**
(1936), S. 230–265; A. Church „An Unsolvable Problem of Elementary
Number Theory", *Amer. J. Math.* **58** (1936), S. 345–363.
    Siehe auch S. C. Kleene „Origins of Recursive Function Theory",
Ann. Hist. Comput. **3** (1981), S. 52–67 und M. Davis „Why Gödel Didn't
Have Church's Thesis", *Inf. and Cont.* **54** (1982), S. 3–24.

Sie ermöglicht uns lediglich, eine Folge von Symbolen auf weißes Papier zu drucken. Trotzdem kann eine Schreibmaschine benutzt werden, um alles Mögliche zu schreiben, sogar *Hamlet* oder *Krieg und Frieden*. Natürlich braucht man einen Shakespeare oder einen Tolstoj, der die Maschine „instruiert", es zu tun. Aber sie kann es tun. In Analogie dazu braucht man vielleicht sehr begabte Menschen, um Turing-Maschinen so zu programmieren, daß sie schwierige algorithmische Probleme lösen. Aber dieses grundlegende Modell, so sagt es uns die CT-These, reicht für alle Probleme aus, die im Prinzip durch *irgendein* Gerät gelöst werden können.

Auf den ersten Blick gibt es wenig Gründe, gerade das Modell der Turing-Maschinen für die CT-These auszuwählen. Die These hätte über das Modell sprechen können, welches einem IBM-Großrechner zugrundeliegt oder einer leistungsstarken Silicon Graphics *Workstation*. Eine der verblüffendsten Formulierungen der These erwähnt allerdings gar kein bestimmtes Modell, sondern behauptet einfach, daß alle Computer und alle Programmiersprachen in ihrer Berechnungsstärke gleichwertig sind, sofern sie unbegrenzt viel Zeit und Speicher zur Verfügung haben.

Berechenbarkeit ist robust

Warum sollten wir an die CT-These glauben, wenn selbst ihre Unterstützer zugeben, daß ihr zukunftsgerichteter Teil nicht bewiesen werden kann? Welche Belege gibt es für sie? Wie ergeht es diesen Belegen in einer Zeit unglaublicher täglicher Fortschritte bei Soft- und Hardware?

Gehen wir in die 30er Jahre zurück. Damals waren mehrere Forscher damit beschäftigt, algorithmische Modelle zu basteln. Ihr Ziel war es, den schlüpfrigen und schwer faßbaren Begriff der effektiven Berechenbarkeit einzufangen, d. h. der Möglichkeit, etwas mechanisch oder elektronisch auszurechnen. Lange bevor die ersten Computer gebaut wurden, schlug Turing seine beschränkt aussehenden Maschinen vor, und Church ersann den **Lambda-Kalkül**, einen einfachen mathematischen Formalismus, der Funktionen beschreibt. Ungefähr zur gleichen Zeit definierte Emil Post einen gewissen Mechanismus, der Symbole manipuliert und den er **Produktions-**

systeme nannte, und Stephen Kleene definierte eine Klasse mathematischer Objekte, die **rekursive Funktionen** genannt werden. Sie alle konnten mit ihren Modellen viele algorithmische Probleme erfolgreich lösen, für die „effektiv ausführbare" Algorithmen bekannt waren. Gemeinsam zeigten sie dann noch mehr: All ihre Formalismen sind gleichwertig in Hinblick auf die Klasse der Probleme, welche damit gelöst werden können. Seitdem sind zahlreiche andere Modelle für ein universelles algorithmisches Gerät vorgeschlagen worden. Davon liegen einigen wirkliche Computer zugrunde, andere sind rein mathematischer Natur. Doch von *allen* wurde gezeigt, daß sie von der Berechenbarkeit her gleichwertig sind: Sie können alle dieselbe Klasse algorithmischer Probleme lösen. Und diese entscheidende Tatsache gilt heute immer noch, selbst für die ausdrucksstärksten Modelle, die man sich ausgedacht hat.[8]

Der stärkste und leistungsfähigste Computer, den Sie kennen, zusammen mit der reichhaltigsten und ausgearbeitetsten Programmiersprache, die darauf läuft, kann nicht mehr tun als ein einfacher *Laptop* mit einer sehr bescheidenen Sprache. Oder, zu guter Letzt, nicht mehr als das Endgültige an Einfachheit: die ach so primitive Turing-Maschine.[9] Nicht-berechenbare (oder unentscheidbare) Pro-

---

[8] A. Turing „On Computable Numbers with an Application to the Entscheidungsproblem", *Proc. London Math. Soc.* **42** (1936), S. 230–265; Korrekturen hierzu in *ebda.* **43** (1937), S. 544–566; A. Church „An Unsolvable Problem of Elementary Number Theory", *Amer. J. Math.* **58** (1936), S. 345–363; S. C. Kleene „A Theory of Positive Integers in Formal Logic", *Amer. J. Math.* **57** (1935), S. 153–173, 219–244; E. Post „Formal Reductions of the General Combinatorial Decision Problem", *Amer. J. Math.* **65** (1943), S. 197–215; S. C. Kleene „General Recursive Functions of Natural Numbers", *Math. Ann.* **112** (1936), S. 727–742.

Für Beweise der Äquivalenz dieser Formalismen siehe S. C. Kleene „λ-Definability and Recursiveness", *Duke Math. J.* **2** (1936), S. 340–353; E. Post „Finite Combinatory Processes – Formulation 1", *J. Symb. Logic* **1** (1936), S. 103–105; A. M. Turing „Computability and λ-Definability", *J. Symb. Logic* **2** (1937), S. 153–163.

[9] Es gibt ein weiteres äußerst primitives Berechnungsmodell, das dennoch so stark wie Turing-Maschinen und daher ebenfalls universell ist und der CT-These unterliegt. Dies sind die sogenannten **Zählprogramme**

bleme wie das Dominoproblem sind auf keinem Computer lösbar, und berechenbare (oder entscheidbare) Probleme, wie etwa Wörter zu sortieren oder Primzahltests, sind auf allen lösbar. Zur Erinnerung: Wie stets gilt dies nur unter der Voraussetzung, daß Laufzeit und Speicherplatz keine Rolle spielen; von beiden muß so viel wie nötig zur Verfügung stehen.

Dies bedeutet, daß die Klasse der berechenbaren, effektiv lösbaren oder entscheidbaren Probleme in Wirklichkeit sehr *robust* ist. Sie ändert sich nicht mit dem Computermodell, dem Betriebssystem, der Programmiersprache oder der Methodologie bei der Software-Entwicklung. Verteidiger einer speziellen Computerarchitektur oder einer besonderen Programmierdisziplin müssen andere Gründe ins Feld führen als reine Problemlösefähigkeiten, um ihre Empfehlung zu rechtfertigen. Denn alles was mit *einem* Modell getan werden kann, kann auch mit einem *anderen* getan werden, und sie alle sind gleichwertig mit Turings primitiven Maschinen oder den verschiedenen Formalismen von Church, Post, Kleene und anderen.

(*counter programs*) oder **Zählmaschinen** (*counter machines*). Ein Zählprogramm besteht aus einer Folge einfacher Anweisungen, die natürliche Zahlen betreffen. Einer Variablen kann der Wert 0 zugewiesen ($X \leftarrow 0$) oder eine Variable kann um 1 vermehrt oder vermindert werden ($X \leftarrow Y + 1$ und $X \leftarrow Y - 1$). Es kann auch bedingt verzweigen, in Abhängigkeit davon, ob eine Variable 0 ist oder nicht (**if** $X = 0$ **goto** G, wobei G für irgendeine andere Anweisung der Folge steht). Erstaunlicherweise reicht dieses reine Vermehren und Vermindern um 1 und das Testen auf 0, um alles zu tun, was ein beliebiger Computer tun kann.

Turing-Maschinen und Zählprogramme sind in folgendem bemerkenswerten Sinn duale Modelle. Beide haben auf unbegrenzten Speicherplatz Zugriff, aber in verschiedener Weise. Bei Turing-Maschinen ist die *Anzahl* der Speichereinheiten (d. h. der Kästchen auf dem Band) unbegrenzt, aber die Informations*menge* in jedem ist endlich und von vornherein begrenzt (ein Symbol aus einem endlichen und festgelegten Alphabet). Bei Zählprogrammen ist es umgekehrt: Es gibt nur endlich viele Variablen in einem Programm, aber jede davon kann mit einer beliebig großen Zahl belegt sein und so eine potentiell unbegrenzte Informationsmenge kodieren.

Daß alle Forscher immer wieder auf den gleichen Begriff gesto-
ßen sind, obwohl sie mit so vielen verschiedenen Werkzeugen und
Konzepten gearbeitet haben (und dies zudem lange bevor die ersten
Computer gebaut waren!), ist ein Beleg für die Tiefgründigkeit des
Begriffs. Daß alle denselben intuitiven Begriff fassen wollten und
mit ganz verschieden aussehenden, aber gleichwertigen Modellen
endeten, rechtfertigt es, den intuitiven Begriff mit diesen präzisen
Modellen gleichzusetzen. Daher die CT-These.

Wenn wir uns also nicht um Effizienz kümmern, d. h. nicht darauf sehen, wieviel Zeit oder Speicherplatz ein Algorithmus benötigt,
sondern ihm einfach zur Verfügung stellen, was er braucht, dann
ist die Trennungslinie in Abbildung 2.1 zwischen dem Berechenbaren und dem Nicht-Berechenbaren vollkommen gerechtfertigt.
Außerdem können wir im folgenden auf unseren Lieblingscompu-
ter *Comp* und unsere Lieblingssprache *Spr* als Modell für die zu
lösenden algorithmischen Probleme zurückgreifen, wie wir es weiter oben vorübergehend gemacht hatten – weil es keinen Unterschied
macht! Trotzdem ist es intellektuell zufriedenstellend, wenn man
auf das allereinfachste Modell zeigen kann, nämlich das der Turing-
Maschinen, das so leistungsfähig ist wie jedes andere seiner Art.[10]

Dominoschlangen

Kommen wir für einen Augenblick auf das Dominoproblem zurück.
Manche Leute reagieren auf seine Unentscheidbarkeit, indem sie sagen: „Das Problem ist doch offensichtlich unentscheidbar, denn eine
einzelne Eingabe ergibt eine möglicherweise unendliche Anzahl zu
prüfender Fälle, und es ist unmöglich, daß ein Algorithmus unendlich viele Sachen macht, wenn er nach endlicher Zeit anhalten soll."

---

[10] Zu wissen, daß einfach aussehende Modelle wie Turing-Maschinen oder
Zählprogramme universell sind, bietet einen weiteren Vorteil. Sie sind
nämlich geeigneter, um schlechte Nachrichten nachzuweisen. Für die
Unentscheidbarkeit eines Problems reicht es nachzuweisen, wie schon
oben erwähnt, daß es nicht mit einer Turing-Maschine gelöst werden
kann. Daß es überhaupt nicht gelöst werden kann, in *keinem* Modell,
folgt dann aus der CT-These.

In der Tat scheint es schon bei einer einzelnen Eingabe (also *einer* Menge *T* von Fliesentypen) erforderlich, daß Wände aller Größen (oder gleichwertig eine einzige „unendliche" Wand) durchprobiert werden. Es scheint keinerlei Möglichkeit zu geben, die Anzahl der zu betrachtenden Fälle zu *beschränken*.

Diese Hypothese, Unbeschränktheit impliziere Unentscheidbarkeit, ist unbegründet und kann sehr irreführend sein. Oft ist sie einfach falsch. Ein ähnliches Dominoproblem wird dies deutlich machen. Sein Status widerspricht dieser Hypothese in erstaunlicher Weise. Wie zuvor besteht die Eingabe aus einer endlichen Menge *T* von Fliesentypen, aber sie enthält auch die Koordinaten zweier Punkte *V* und *W* in der unendlichen Ebene. In dem Problem geht es nun nicht mehr darum, ganze Wände zu kacheln. Sondern wie beim richtigen Dominospiel fragt es danach, ob man *V* und *W* durch eine „Dominoschlange" verbinden kann, die natürlich aus Dominosteinen (d. h. Fliesen) aus *T* bestehen und die übliche Farbübereinstimmungsregel beachten soll: Zwei aneinanderstoßende Kanten müssen die gleiche Farbe aufweisen (siehe Abbildung 2.6). Beachten Sie, daß die von *V* ausgehende Schlange wild herumkriechen und herumirren und dabei unbeschränkt weit entfernte Punkte erreichen kann, bevor sie auf *W* zuläuft. Um zu entscheiden, ob es solch eine Schlange gibt oder nicht, müßten wir also immer größere Teile der unendlichen Ebene (oder Wand) durchprobieren – vielleicht sogar die ganze Ebene –, bevor wir entweder eine solche Schlange fin-

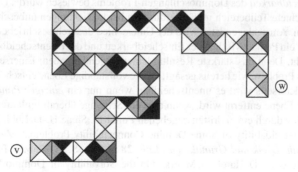

Abb. 2.6. Eine Dominoschlange, die *V* mit *W* verbindet.

den oder schließen können, daß es keine gibt. Auch dieses Problem scheint also eine unendliche Suche zu benötigen, und wir sollten es ebenfalls für unentscheidbar halten.

Eigenartigerweise hängt die Entscheidbarkeit des Dominoschlangen-Problems von dem Teilstück der Ebene ab, auf die wir die Dominosteine legen dürfen, und dies vollkommen entgegen unserer Intuition. Wenn die Schlangen überall hinkriechen dürfen (wenn also der erlaubte Teilbereich die ganze Ebene ist), dann ist das Problem entscheidbar. Wenn aber der erlaubte Teilbereich begrenzt ist, etwa auf die Halbebene oberhalb einer Geraden, wird das Problem unentscheidbar! Wenn die Schlangen also überall herumlaufen können, *ohne* jede Beschränkung, dann *gibt* es einen Algorithmus, der entscheidet, ob es eine Schlange von V nach W gibt. Wenn wir aber ihren Aufenthaltsort begrenzen, dann gibt es *keinen* solchen Algorithmus. Erstaunlich, nicht wahr?

Der zweite Fall ist „beschränkter" als der erste und sollte daher „entscheidbarer" sein. Die Tatsachen liegen aber genau andersherum.[11]

---

[11] Falls nur ein *endlicher* Teilbereich der unendlichen Ebene zur Verfügung steht, so ist das Problem banalerweise entscheidbar. Denn in einen gegebenen endlichen Bereich kann man nur endlich viele mögliche Schlangen hineinbauen: Man konstruiert leicht einen Algorithmus, der sie alle durchprobiert. Viel interessanter ist die Tatsache, daß für fast alle denkbaren unendlichen, aber eingeschränkten Teilgebiete der Ebene die *Unentscheidbarkeit* des Dominoschlangen-Problems bewiesen wurde. Der betrachtete Teilbereich muß allerdings in beide Richtungen unbeschränkt sein. Am schlagendsten wird der Unterschied dadurch beschrieben, daß nur ein Punkt zwischen der Entscheidbarkeit und der Unentscheidbarkeit steht. Denn das stärkste Resultat lautet folgendermaßen: Einerseits ist das Problem, wie bereits gesagt, für die vollständige Ebene entscheidbar; andererseits wird es unentscheidbar, wenn nur ein *einziger Punkt* aus der Ebene entfernt wird, wenn also die Schlange überall hinlaufen darf außer durch einen dritten gegebenen Punkt U. Siehe H.-D. Ebbinghaus „Undecidability of Some Domino Connectability Problems", *Zeitschr. Math. Logik und Grundlagen Math.* **28** (1982), S. 331-336; Y. Etzion-Petrushka, D. Harel, D. Myers „On the Solvability of Domino Snake Problems", *Theoret. Comput. Sci* **131** (1994), S. 243-269.

Programmverifikation

In Kapitel 1 sprachen wir darüber, daß Algorithmen und Programme korrekt sein müssen. Doch es ist keine leichte Arbeit festzustellen, ob ein vorgeschlagenes Programm wirklich das zu bearbeitende algorithmische Problem löst. Die Versuchung ist daher groß, einen Computer diese Arbeit tun zu lassen. Wir hätten gerne einen automatischen Prüfer (*verifier*): ein Stück Software, dessen Eingabe aus der Beschreibung eines algorithmischen Problems und aus dem Text eines Algorithmus oder Programms besteht. Wunschgemäß sollte das Prüfprogramm dann algorithmisch feststellen, ob das gegebene Programm das gegebene Problem löst. Mit anderen Worten wollen wir „ja" als Antwort, falls das Eingabeprogramm für jede seiner zulässigen Eingaben mit der korrekten Ausgabe anhält, wenn wir es damit laufen ließen. Wir wollen „nein", falls es auch nur eine einzige zulässige Eingabe des Eingabeprogramms gibt, für die es entweder nicht anhalten würde oder mit der falschen Ausgabe (siehe Abbildung 2.7). Das Prüfprogramm muß in der Lage sein, dies für *jede* Auswahl eines algorithmischen Problems und eines zu testenden Programms zu tun.[12] Ein besonders naheliegendes Beispiel: Wäre es nicht schön gewesen, wenn jemand ein Unternehmen gegründet und einen allgemein einsetzbaren Jahr-2000-Prüfer angeboten hätte? Dann hätten wir jede Art von Software dem Prüfprogramm vorlegen können und herausgefunden, ob es am 1. Januar 2000 noch das gleiche tun würde wie am 31. Dezember 1999. Wäre dies möglich gewesen?

Nun, das allgemeine Prüf- oder Verifizierungsproblem ist unentscheidbar, wie auch das spezielle Problem, die Jahr-2000-Verträglichkeit zu prüfen. Ein vorgeschlagenes Prüfprogramm mag für viele Eingaben gut arbeiten und mag in der Lage sein, bestimmte Arten

---

[12] Auch hier ist es günstig, von vornherein ein Computermodell und eine Programmiersprache festzulegen. Da in diesem Fall Programme einen Teil der Eingabe bilden, *müssen* wir eine Sprache mit einer wohldefinierten Syntax und Semantik wählen, damit wir dem Programmprüfer ein wirkliches, greifbares Objekt als Eingabe in die Hand geben können. Wegen der CT-These beeinträchtigt diese Auswahl nicht die Allgemeinheit des hier Gesagten.

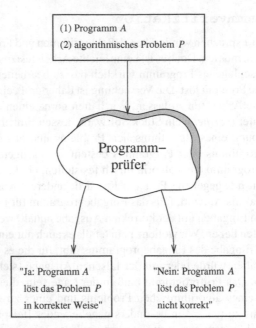

Abb. 2.7. Ein hypothetisches Prüfprogramm

von Programmen gegen bestimmte Spezifikationen zu testen, aber als allgemeines Prüfprogramm wird es fehlerhaft sein. Es wird stets Algorithmen oder Programme geben, die solch ein Prüfprogramm nicht testen kann. Wir können also computerbasierte Lösungen des Jahr-2000-Problems vergessen und ebenso alle anderen umfassenden Versuche, mit Hilfe von Computern die Korrektheit von Software zu prüfen.

Im Gegensatz zu dem Domino- und dem Dominoschlangen-Problem, die Sie als Spielereien ohne praktischen Nutzen abtun mögen, ist Programmverifikation eine äußerst wichtige, aus dem Alltag gegriffene Aufgabe der Informatik. Ihre Unentscheidbarkeit macht unsere Hoffnung zunichte, ein Software-System könne uns garantieren, daß unsere Computer wunschgemäß arbeiten.

Das Halteproblem

Es stellt sich heraus, daß die Nachrichten bereits für weit weniger als die volle Korrektheit von Programmen schlecht sind. Wir können nicht einmal entscheiden, ob ein Programm bei allen seinen Eingaben überhaupt anhält. Schlimmer noch, wir können dies nicht einmal für eine spezielle Eingabe entscheiden! Diese Frage des Anhaltens bildet den Kern des Problems 8 in der Liste aus Kapitel 1 und verdient besondere Beachtung.

Betrachten wir den folgenden Algorithmus A:

1. Solange $X \neq 1$ setze $X \leftarrow X - 2$;
2. halte an.

In Worten beschrieben vermindert der Algorithmus A die Eingabezahl X solange um 2, bis sie gleich 1 ist. Angenommen, die zulässigen Eingaben bestehen aus den positiven natürlichen Zahlen $1, 2, 3, \ldots$ Dann ist offensichtlich, daß A genau für die *ungeraden* Zahlen anhalten wird. Eine gerade Zahl, von der wiederholt 2 abgezogen wird, „verpaßt" die 1 und läuft unendlich durch die Reihe $0, -2, -4, -6, \ldots$ Hier ist es einfach zu entscheiden, ob eine zulässige Eingabe diesen speziellen Algorithmus zum Anhalten bringt oder nicht: Wir müssen nur prüfen, ob die Eingabe gerade oder ungerade ist, und entsprechend antworten.

Hier folgt nun ein etwas komplizierterer Algorithmus B:

1. Solange $X \neq 1$ mache folgendes:
   1.1. falls X gerade ist, setze $X \leftarrow X/2$;
   1.2. falls X ungerade ist, setze $X \leftarrow 3X + 1$;
2. halte an.

Dieser Algorithmus halbiert wiederholt eine Zahl, solange sie gerade bleibt, vergrößert sie aber um mehr als das Dreifache, wenn sie ungerade ist. Und auch dieser Algorithmus hält nur an, wenn der Wert 1 erreicht ist. Wenn B zum Beispiel mit der Zahl 7 anläuft, ergibt sich die Folge von Werten 7, 22, 11, 34, 17, 52, 26, 13, 40, 20, 10, 5, 16, 8, 4, 2, 1, worauf der Algorithmus anhält. Falls wir den Algorithmus mit beliebig großen Zahlen und mit Hilfe eines Großcomputers

ausprobieren, so stellen wir fest, daß er entweder irgendwann anhält
oder eine wild aussehende Zahlenfolge durchläuft, die erstaunlich
hohe Werte erreicht und unvorhersehbar auf und nieder schwankt.
Im zweiten Fall gibt man nach einer Weile auf, wenn die Berechnung weder anhält noch eine periodische Folge von Werten aufweist
(was natürlich bedeuten würde, daß die Berechnung nicht anhielte).
In der Tat wurde B über Jahre hinweg mit zahlreichen Eingaben
und auf großen und schnellen Computern getestet. Einerseits wurde
nie eine Periodizität festgestellt und niemand konnte eine Eingabe
finden, für die B *beweisbar* nicht anhält. Andererseits war auch niemand in der Lage zu beweisen, daß B für *alle* Zahlen anhält (auch
wenn dies allgemein geglaubt wird). Was nun wirklich der Fall ist,
bleibt ein schwieriges, seit über 60 Jahren ungelöstes Problem aus
einem als **Zahlentheorie** bekannten Zweig der Mathematik.[13]

Hier stehen wir nun also mit zwei Algorithmen, dem uninteressanten A und dem viel interessanteren B. Obgleich einige Zahlentheoretiker vermutlich viel dafür geben würden herauszufinden, ob
B auf allen Eingaben anhält, handelt es sich doch nur um einen bestimmten Algorithmus. Im Studium der Algorithmik interessieren
wir uns aber nicht für das Anhalteverhalten spezieller Programme,
auch solch verlockender wie B nicht, sondern wir interessieren uns
für das allgemeine Problem, das Anhalteverhalten eines beliebig gegebenen Algorithmus oder Programms zu bestimmen. Dieses allgemeine Entscheidungsproblem wird das **Halteproblem** genannt.

Als Eingabe wird das Halteproblem „gefüttert" mit dem Text
eines zulässigen Programms A in unserer ausgewählten Programmiersprache *Spr* und einer möglichen Eingabe X (die nichts anderes
als eine Folge von Symbolen ist). Das Problem fragt danach, ob A

---

[13] J. C. Lagarias „The $3x+1$ Problem and its Generalizations", *Amer. Math.
Monthly* **92** (1985), S. 3–23. Dies ist vielleicht das am einfachsten zu
beschreibende offene Problem innerhalb der Mathematik. Um es zu verstehen, bedarf es nichts als der Grundrechenarten. Stimmt es oder stimmt
es nicht, daß *jede* natürliche Zahl irgendwann 1 erreicht, wenn sie halbiert wird, solange sie gerade ist, und verdreifacht und um 1 vermehrt,
wenn sie ungerade ist?

Programm oder   mögliche
Algorithmus   Eingabe

A   X

Hält A bei
Eingabe X ?

"ja"   "nein"

Abb. 2.8. Das Halteproblem

anhalten würde, wenn wir es mit der Eingabe X laufen ließen (siehe Abbildung 2.8).

Das Halteproblem kann, wie auch das anspruchsvollere Verifikationsproblem, nicht auf algorithmischem Wege gelöst werden: Es ist unentscheidbar. Es gibt also keine allgemeine Möglichkeit, in endlicher Zeit zu bestimmen, ob die Ausführung eines bestimmten Programmes mit einer bestimmten Eingabe anhalten wird oder nicht.[14]

Man ist versucht, das Problem durch einen Simulationsalgorithmus lösen zu wollen, der einfach das mit der Eingabe X laufende Programm A nachahmt und schaut, was passiert. Wenn das simulierte A anhält, dann können wir selbst begründetermaßen anhalten und

---

[14] Dies wurde von Turing gezeigt. Siehe seinen Artikel von 1936 (Fußnote 6 auf Seite 36). Siehe auch G. Rosenberg und A. Salomaa *Cornerstones of Undecidability*, Prentice Hall, New York 1994.

schließen, daß die Antwort „ja" ist. Die Schwierigkeit liegt darin,
wann wir mit dem Warten aufhören sollen, um „nein" zu sagen. Wir
können nicht einfach nach einer langen Zeitspanne aufgeben und be-
schließen, daß die Simulation nie anhalten wird, weil sie es bislang
nicht getan hat. Vielleicht müßten wir sie nur ein klein bißchen weiter laufen lassen, vielleicht sogar nur eine Mikrosekunde, und sie
würde anhalten. Daher ist es nicht ausreichend, das Verhalten des
gegebenen Programmes mit der gegebenen Eingabe zu simulieren.
Und es ist auch kein anderes Verfahren ausreichend, da das Problem
ja unentscheidbar ist.

Berechenbarkeit ist unberechenbar!

Dieses Phänomen liegt tief begründet und ist noch weitaus ver-
nichtender. Ein bemerkenswertes Ergebnis (der sogenannte **Satz
von Rice**[15]) besagt, daß wir nicht nur Programme nicht verifizieren können oder ihr Anhalteverhalten bestimmen, sondern daß wir
im Grunde *gar nichts* über sie herausfinden können: Keine nicht-
triviale Eigenschaft der Berechenbarkeit kann algorithmisch entschieden werden. Um genauer zu sein: Angenommen, wir interessieren uns für eine Eigenschaft von Programmen, die (1) von einigen Programmen erfüllt wird und von anderen nicht, und die (2)
syntaxunabhängig ist, d. h. eine Eigenschaft des zugrundeliegenden
Algorithmus und nicht der speziellen Form, die er in einer Programmiersprache annimmt. Zum Beispiel könnten wir wissen wollen, ob
ein Programm länger als eine gewisse Zeit braucht, ob es jemals die
Antwort „ja" liefert, ob es immer Zahlen ausgibt, ob es einem anderen Programm gleichwertig ist und so weiter.

Der Satz von Rice sagt uns nun, daß *keine* solche Eigenschaft von
Programmen entschieden werden kann. Wir können es vergessen,
über Programme etwas auf maschinelle Weise aussagen zu wollen.
Praktisch *nichts*, was Berechenbarkeit betrifft, ist berechenbar!

---

[15] H. G. Rice „Classes of recursively enumerable sets and their decision
problems", *Trans. Amer. Math. Soc.* **74** (1953), S. 358–366.

Manches ist noch unberechenbarer

Drei der bislang erwähnten unentscheidbaren Probleme, nämlich das Dominoproblem, das Dominoschlangen-Problem auf der Halbebene und das Halteproblem, sind, wie sich herausgestellt hat, **berechenbar äquivalent**.[16] Dies ist kein einfacher Begriff, denn all diese Probleme sehen offenbar sehr unterschiedlich aus: Wände zu kacheln und zu entscheiden, ob Programme anhalten, scheinen zum Beispiel gar nichts mit einander zu tun zu haben. In Wirklichkeit haben sie *sehr viel* miteinander zu tun.

Was genau soll es bedeuten, daß zwei Programme berechenbar äquivalent sind? Der Schlüsselbegriff hierbei heißt „gegenseitige Reduzierbarkeit". Jedes der beiden Probleme ist auf das andere zurückführbar oder **reduzierbar**. Dies bedeutet, daß eines entschieden werden kann mit Hilfe einer gedachten Lösung für das andere, eines sogenanntes **Orakels**. Angenommen, wir besäßen einen Algorithmus, welcher allgemein entscheidet, ob Programme auf Eingaben anhalten (wir können keinen *wirklichen* Algorithmus dafür haben, da das Problem unentscheidbar ist; aber nehmen wir an, wir hätten einen hypothetischen: das Orakel). Dann könnten wir ihn benutzen, um zu entscheiden, ob mit unseren Fliesen Badezimmer gekachelt werden können oder nicht. Und umgekehrt, vielleicht noch überraschender: Wenn wir in der Lage wären, über das Fliesen von Badezimmern zu entscheiden, so könnten wir auch über das Anhalten von Computerprogrammen entscheiden. Schwer vorstellbar, nicht wahr?

Eine solche imaginäre Lösung gleicht einem übermenschlichen Orakel, welches uns kostenfrei auf gewisse Fragen antwortet. Wenn wir also ein Orakel hätten, das jede Fliesenfrage beantwortet, so könnten wir das Halteproblem lösen.

Aus der Gleichwertigkeit dieser nicht-berechenbaren Probleme ergibt sich ein verblüffender Nachtrag: Manche Probleme, zum Bei-

---

[16] Um technisch präzise zu sein, muß die verneinte Version des Halteproblems genommen werden, damit die Äquivalenz gilt. Mit anderen Worten ist das *Nicht*-Halte-Problem zu den beiden anderen gleichwertig. Hierbei möchten wir die Ausgabe „ja", falls das gegebene Programm mit der gegebenen Eingabe *nicht* anhält, und „nein", falls es anhält.

spiel Programmverifikation, sind *noch weniger* entscheidbar! Was
ist damit nun gemeint? Was kann denn schlimmer für ein algorithmisches Problem sein als überhaupt keine Lösung zu besitzen?
Auch hier liegt der Schlüssel in der Reduzierbarkeit. Das Halteproblem kann auf die Programmverifikation zurückgeführt werden.
Eine imaginäre Lösung für letzteres kann also genutzt werden, um
ersteres zu lösen. Die Umkehrung gilt dagegen nicht: Auch mit
einem kostenlosen imaginären Orakel für das Halteproblem oder für
das Dominoproblem oder für das Dominoschlangen-Problem in der
Halbebene (oder sogar mit Orakeln für *alle* diese Probleme gleichzeitig) könnten wir immer noch keine Programme verifizieren. Das
Verifikationsproblem ist in dieser Hinsicht schwieriger als das Halteproblem; es ist sozusagen noch unentscheidbarer.

Diese Methode, unentscheidbare Probleme über Orakel zu vergleichen und manche „besser" als andere erscheinen zu lassen,
klassifiziert algorithmische Probleme und teilt sie in verschiedene
Unentscheidbarkeits- oder Nicht-Berechenbarkeits-Niveaus auf. Es
gibt Schichten über Schichten von Problemen, die fortlaufend
schlechtere Nachrichten mit sich bringen! Es stellt sich heraus, daß
die drei erwähnten gleichwertigen Probleme – Anhalten, Dominos
und Dominoschlangen in der Halbebene – in der untersten Schicht
liegen. Man könnte sagen, daß sie *fast* entscheidbar sind. Leider sind
viele Probleme weitaus höher in der Hierarchie der immer schreck-
licheren Nachrichten angesiedelt und somit viel unentscheidbarer
als die tiefer gelegenen.

Eine dieser Schichten ist besonders interessant und wird manchmal als **hochgradig nicht-berechenbar** oder **hochgradig unentscheidbar** bezeichnet; sie verdient einen eigenen Bereich in der
Sphäre algorithmischer Probleme (siehe Abbildung 2.9). Hochgradig nicht-berechenbare Probleme sind viel, viel schlechter als die
bislang diskutierten „gewöhnlichen" nicht-berechenbaren; sie sind
sozusagen *unendlich* schlechter. Über den fast berechenbaren oder
fast entscheidbaren Problemen (Dominos, Anhalten und ihre
Freunde) gibt es unendlich viele verschiedene Probleme, jedes
schwieriger als die vorangehenden und also auch mit Hilfe von Orakeln für die vorangehenden nicht berechenbar. Die Probleme, die wir

hochgradig unentscheidbar genannt haben, sind noch schwieriger. Selbst eine unendliche Reihe von immer ausgefuchsteren Orakeln für weniger schlechte Probleme würde nicht ausreichen, um sie zu lösen.[17]

Zusammenfassend haben wir also gelernt, daß die Welt der algorithmischen Probleme sich aufteilt in das Berechenbare oder Entscheidbare einerseits und das Nicht-Berechenbare oder Unent-

---

[17] S. C. Kleene „Recursive predicates and Quantifiers", *Trans. Amer. Math. Soc.* **53** (1943), S. 41-73. Die hier besprochene hochgradige Unentscheidbarkeit wird in mathematischer Sprache das Σ_1^1/Π_1^1-Niveau genannt. Ein einfaches Beispiel eines hochgradig unentscheidbaren Problems ist folgende Variante des Dominoproblems (wobei wir jene Version benutzen, die danach fragt, ob die Menge T von Fliesentypen die ganze unendliche Ebene kacheln kann, und nicht nur jedes beliebig große endliche Stück). In der neuen Variante wird nur eine kleine Anforderung hinzugefügt: Wir wollen wissen, ob T die ganze Ebene so kacheln kann, daß dabei unendlich viele Fliesen vom ersten in T aufgeführten Typ vorkommen. Wir nennen dies eine **Wiederkehr** dieses Fliesentyps. Wir wollen ein „ja", falls es eine T-Kachelung der Ebene mit einer Wiederkehr dieser speziellen Fliese gibt, und „nein", falls keine solche Kachelung existiert. Beachten Sie, daß die Antwort auch dann „nein" sein muß, wenn es zulässige Kachelungen der ganzen Ebene mit Fliesen aus T zwar gibt, in keiner von diesen aber die erste Fliese aus T unendlich oft wiederkehrt. Diese Zusatzanforderung sieht nicht so aus, als würde sie einen großen Unterschied bewirken, denn wenn man die unendliche Ebene mit einer endlichen Menge an Fliesentypen kacheln kann, so muß *irgendeiner* dieser Typen in der Kachelung unendlich oft vorkommen. Wir möchten aber, daß ein *ganz bestimmter* Typ wiederkehrt. Trotz der scheinbaren Ähnlichkeit ist dieses sogenannte **Wiederkehr-Dominoproblem** hochgradig unentscheidbar. Es kann selbst mit Hilfe imaginärer Lösungen zu den unendlich vielen anderen Problemen in den niedrigeren Schichten der Unentscheidbarkeits-Hierarchie nicht gelöst werden. Siehe D. Harel „Effective Transformations on Infinite Trees, with Applications to High Undecidability, Dominoes, and Fairness", *J. Assoc. Comput. Mach.* **33** (1986), S. 224-248. Aber glauben Sie nicht, daß dies schlechtestmöglich wäre! Manche Probleme sind noch schlechter als die hochgradig unentscheidbaren; aber wir wollen es hierbei belassen.

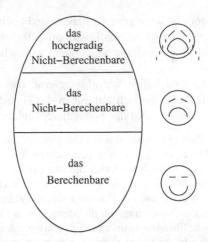

Abb. 2.9. Die Sphäre algorithmischer Probleme: 2. Fassung

scheidbare andererseits, und daß die Probleme in diesem zweiten
Bereich verschiedene Härtegrade aufweisen. Wir haben ebenfalls
gesehen, daß diese Tatsachen sehr robust und dauerhaft sind: Die
Trennlinien in Abbildung 2.9 sind mathematisch präzise, klar definiert und unabhängig von Änderungen im Berechnungsmodell, in
der Sprache, Methodologie, Hard- oder Software.

Unsere Hoffnungen auf die Allmacht der Computer ist also zer-
schmettert. Wir wissen nun, daß nicht alle algorithmischen Probleme
durch Computer gelöst werden können, selbst bei unbegrenzter Zeit
und unbegrenztem Speicherplatz.

Könnten wir hier mit unserer Geschichte aufhören? Ist das schon
die schlechte Nachricht, auf die wir im Vorwort angespielt haben?
Kann denn noch mehr schief gehen?

3 Manchmal ist es zu teuer

Die Tatsache, daß einige Aufgaben nicht „computerisiert" werden können, ist bereits schlimm genug. Schauen wir uns nun diejenigen an, bei denen es prinzipiell geht.

Angenommen, wir sollen eine Brücke über einen Fluß bauen. Unsere Brücke könnte „inkorrekt" sein: nicht breit genug für die erforderte Anzahl an Fahrspuren, nicht stabil genug, um den Berufsverkehr auszuhalten, oder vielleicht schlicht zu kurz, um das andere Ufer zu erreichen! Aber auch ein korrekter Entwurf könnte inakzeptabel sein. Er könnte beispielsweise zu viel Arbeitskraft verschlingen, zu viele Materialien oder Komponenten, oder die Bauzeit könnte viel zu lange dauern. Mit anderen Worten, selbst wenn das Ergebnis eine gute Brücke ergäbe, könnte der Entwurf *zu teuer* sein.

Der Bereich der Algorithmik ist von ähnlichen Sorgen betroffen. Auch wenn ein Problem berechenbar oder entscheidbar ist und ein korrekter Lösungsalgorithmus gefunden wurde, könnte dieser Algorithmus viel zu kostspielig in seinem Umgang mit den Ressourcen und daher unbrauchbar sein. Falls „unbrauchbar" nicht hart genug klingt: Wir werden Probleme besprechen, deren Lösungen derart gewaltige Anforderungen an Laufzeit oder Speicherplatz stellen, daß sie in der Praxis ebenso unlösbar sind wie die prinzipiell unlösbaren Probleme aus dem vorigen Kapitel.

Ressourcen: Laufzeit und Speicherplatz

Bauholz, Stahl, Schrauben und Bolzen – was man für Brücken so braucht – sind hier nicht von Belang. Stattdessen geht es uns um die von Computern verbrauchten Ressourcen, insbesondere um Laufzeit und Speicherplatz. Auf diese beiden bezieht man sich oft als Maße für die **Komplexität** einer Berechnung; sie werden der Einfachheit halber nur **Zeit** und **Platz** genannt. Zeit wird dabei durch die

Anzahl der elementaren Operationen gemessen, die während eines
Programmlaufs ausgeführt werden; Platz durch die Größe des Spei-
cherbereichs im Computer, der zum Ablagern der Daten benötigt
wird, die während des Programmlaufs erzeugt und bearbeitet werden. Beides hängt natürlich von dem Computer ab, auf dem ein
Algorithmus läuft. Auf diese Problematik werden wir später zurückkommen.

Die Menge an Zeit und Platz, die ein Algorithmus benötigt,
wird typischerweise von Eingabe zu Eingabe verschieden sein, und
entsprechend muß die algorithmische Leistung veranschlagt werden. Der Lohnsummen-Algorithmus zum Beispiel braucht offenbar
länger für umfangreichere Listen. Trotzdem kann sein Zeitverhalten
präzise beschrieben werden: Man muß lediglich die Abhängigkeit
der Laufzeit von der Länge der Eingabeliste berücksichtigen (mathematisch gesprochen ist die Laufzeit eine *Funktion* von der Länge
der Eingabeliste). Meistens benutzt man das Symbol N, um eine
nicht näher bestimmte Eingabengröße zu bezeichnen. Wenn wir von
einem Algorithmus sagen, er habe Laufzeit $5N$, so bedeutet dies,
daß er niemals mehr als 5 mal N elementare Operationen für eine
Eingabe der Größe N benötigt.

Wichtig ist dabei die *Größe* der Eingabe, nicht die Eingabe
selbst. Die Zeit, die man zum Multiplizieren von Zahlen benötigt,
sollte für Zahlen mit gleicher Anzahl an Ziffern nicht sehr verschieden sein. Für längere Zahlen wird sie dagegen in der Regel stark
wachsen. Das gleiche gilt, wenn es darum geht, Wege in Stadtplänen
zu finden, Listen zu sortieren oder zu durchsuchen usw.

Zeit ist ein entscheidender Faktor bei Berechnungen. In zahlreichen alltäglichen Anwendungen ließe sich viel Zeit einsparen. Zeit
ist Geld, und Rechenzeit bildet keine Ausnahme.[1] Die Ressource
„Speicherplatz" kann zwar in vielen Fällen ebenso entscheidend

---

[1] Tatsächlich kann der Zeitfaktor bei Computern extrem kritisch sein:
Manche Computeranwendungen schließen sogenannte Echtzeitsysteme
ein, insbesondere in der Raumfahrt- und Militärindustrie, aber auch bei
Autos. Sie müssen auf äußere Signale in „Echtzeit" reagieren, d. h. ohne
jede Verzögerung, – ein Ausfall könnte tödlich sein.

wie die Laufzeit sein, wir wollen uns hier aber hauptsächlich mit der Zeitkomplexität befassen.

Wie man die Laufzeit verbessern kann

Manchmal kann man die Laufzeit durch einfache Tricks verbessern. Betrachten wir z. B. ein normales Verfahren, um einen Namen in einer langen Liste zu suchen. Wir gehen alle Namen auf der Liste der Reihe nach durch, schauen bei jedem nach, ob es der gesuchte ist, und dann prüfen wir, ob wir nicht schon das Ende der Liste erreicht haben, bevor wir zum nächsten Namen übergehen. Wir führen also für jeden Listeneintrag zwei elementare Operationen aus. Bei einer Liste der Länge N beträgt die Zeit-Komplexität daher $2N$.

Um dies zu verbessern, können wir zunächst den gesuchten Namen am Ende der Liste anfügen. Falls der Name in der ursprünglichen Liste nicht vorkam, so taucht er nun ein Mal auf, nämlich am Ende. Falls er vorher schon vorkam, so taucht er nun mehrfach auf, nämlich an den ursprünglichen Stellen und am Ende der Liste. Welcher Vorteil liegt in dieser Veränderung? Wir können jetzt den ganzen Prozeß beschleunigen, indem wir den einen Schritt auslassen, nämlich nach jedem Namen zu prüfen, ob wir bereits am Ende der Liste angekommen sind. Denn da der gesuchte Name am Ende vorkommt, müssen wir zwangsläufig auf ihn stoßen, auch wenn er in der ursprünglichen Liste fehlte. Sobald wir ihn gefunden haben, müssen wir nur noch ein einziges Mal prüfen, ob wir uns schon am Ende der Liste befinden. Falls ja, können wir darauf schließen, daß der Name ursprünglich nicht auftauchte; falls wir dagegen nicht am Ende der Liste angelangt sind, so befinden wir uns an der ersten Stelle, wo der Name in der ursprünglichen Liste auftrat.

Dies ergibt eine 50%ige Zeitverbesserung. Denn unter der Annahme, daß es in etwa gleich viel kostet zu prüfen, ob das Ende der Liste erreicht ist, oder zwei Namen zu vergleichen – nämlich jeweils eine elementare Operation –, fällt die Laufzeit von $2N$ auf ungefähr N. Beide Versionen arbeiten die Liste Eintrag um Eintrag ab, und in beiden Fällen müssen alle N Namen durchgeschaut werden, falls der gesuchte Name sich nicht auf der Liste befindet oder zufälligerweise an letzter Stelle steht. Sie unterscheiden sich nur in den Kosten für jede Eintragsprüfung.

Ein wichtiger Punkt ist, daß es sich bei $2N$ in der ersten und N in der zweiten Version um **schlimmstmögliche** Schätzungen handelt (*worst case*, ungünstigster Fall). Das heißt, es gibt „schlechte" Eingaben (diejenigen, bei denen der Name überhaupt nicht auf der Liste erscheint), welche den Algorithmus zwingen, tatsächlich die ganze Liste durchzugehen. Mit anderen Worten, der Algorithmus wird wahrscheinlich für einige Eingaben, wo der Name früh in der Liste erscheint, viel schneller laufen – vielleicht tut er das sogar für die meisten Eingaben –, aber er braucht nie länger als die angegebene Zeit, selbst bei den ungünstigsten Eingaben dieser Größe. Wir werden in diesem Buch weitgehend bei der *Worst-Case*-Komplexität bleiben.[2]

Obwohl sich beide Algorithmen für das Namensuchproblem um den Faktor 2 unterscheiden, laufen doch beide in einer zu N proportionalen Zeit. Die Laufzeit wächst jeweils *linear* mit N. Falls die ungünstigste Laufzeit eines Algorithmus proportional zur Länge der Eingabe ist, sagen wir, daß er in **Linearzeit** läuft. Diese Sprechweise verwischt den Unterschied zwischen N und $2N$; in ihr bewirkt der 50%-Trick keine Verbesserung: Wir erhalten in beiden Fällen einen Linearzeit-Algorithmus.[3]

---

[2] Die *Worst-Case*-Analyse ist nicht die einzige Möglichkeit, Zeitkomplexität zu betrachten. Algorithmen werden auch in Hinblick auf ihre *durchschnittliche* Zeitdauer studiert und analysiert, was einen Einblick in die Laufzeit eines Algorithmus mit einer *typischen* Eingabe gewährt. Diese Analyse kann allerdings unangenehme Überraschungen mit sich bringen. Wenn nämlich der Algorithmus mit einer schlechten Eingabe läuft, kann es viel länger dauern, als es der durchschnittliche Fall voraussagt. Wir wollen uns jedenfalls, wie schon gesagt, auf den ungünstigsten Fall konzentrieren.

[3] Der Ausdruck „Linearzeit" gilt für jeden Algorithmus, dessen Laufzeit nach oben durch $K \cdot N$ beschränkt ist, wobei $K > 0$ irgendeine Konstante ist. Also ist auch $N/100$ Linearzeit. Es gibt eine spezielle Bezeichnung dafür: $O(N)$, sprich „groß O von N" oder „in der Größenordnung von N".

Wie beeindruckend 50% Laufzeitabnahme auch klingen mag, oft können wir mehr erreichen. Damit meinen wir nicht eine Verbesserung um eine feste Rate von 50%, 60% oder sogar 90%, die alle am Linearzeitstatus des Algorithmus nichts ändern würden, sondern einen Algorithmus, dessen Verbesserungsrate mit der Größe der Eingaben *zunimmt*. Dann handelt es sich um eine Verbesserung in der **Größenordnung**.

Bei einem der bekanntesten Beispiele hierfür geht es wieder darum, einen Namen in einer Liste zu finden – dieses Mal aber in einer geordneten oder sortierten Liste, zum Beispiel in einem Telefonbuch, wo die Namen lexikographisch geordnet stehen. Hier kann die naive lineare Suche drastisch verbessert werden. Anstatt die Namen in einer gewissen Reihenfolge einen nach dem andern durchzugehen, versuchen wir jetzt eine Aufspaltungstechnik, bei welcher der erste untersuchte Name mitten aus der Liste gegriffen ist. Angenommen, es handelt sich nicht schon zufällig um den gesuchten Namen. Dann können wir, je nachdem ob er lexikographisch kleiner oder größer ist, die ganze erste oder zweite Hälfte der Liste außer Acht lassen und unsere Suche auf die verbleibende Hälfte einschränken. Dadurch halbieren wir die Größe des Problems, indem wir nur einen Namen anschauen. Nun machen wir dasselbe für die verbleibende Hälfte: Wir schauen uns *deren* mittleren Namen an, vergleichen ihn mit dem gesuchten Namen und verkleinern dadurch die Größe des Problems auf ein *Viertel* der ursprünglichen Größe. Die Hälfte dieser halben Liste wird wieder außer Acht gelassen, der mittlere Name des verbleibenden Teils inspiziert und so weiter. Falls schließlich dieser immer kleiner werdende Teil nur noch einen Namen enthält und es sich nicht um den gesuchten handelt, so endet unsere Suche mit einem Mißerfolg. Dieser **binäre Suchalgorithmus** arbeitet mit einem „teile und herrsche" genannten Prinzip (*divide and conquer*): Man zerteilt wiederholt die Liste, prüft den mittleren Namen und braucht dann nur noch eine der verbleibenden Listenhälften zu „beherrschen".

Die binäre Suche läuft im schlimmsten Fall in einer zu $\log_2 N$ proportionalen Zeit ($\log_2 N$ ist der Logarithmus[4] von N zur Basis 2). Wir nennen ihn daher einen Algorithmus in **logarithmischer Zeit**. Die genaue mathematische Definition des Logarithmus soll uns hier nicht kümmern. Es macht also nichts, falls Sie nicht vertraut damit sind. Wichtig dagegen ist, daß logarithmische Zeit eine unglaubliche Verbesserung gegenüber Linearzeit verkörpert. Keine Verbesserung um einen konstanten Faktor wie 50% oder 90%, sondern eine Verbesserung im Sinne der Größenordnung: Die Verbesserung *selbst* wächst mit der Größe von N, und zwar rasch, wie die folgende Tabelle zeigt.

Länge der Liste N	Anzahl der Vergleiche $\log_2 N$
10	4
100	7
1 000	10
1 000 000	20
1 000 000 000	30
10^{18}	60

Um also eine Nummer im New Yorker Telefonbuch mit etwa einer Million Einträge zu finden, braucht man nur 20 Namen zu prüfen! Bei einem Telefonbuch mit einer Milliarde Einträgen (für China? oder gar die ganze Welt?) reichen 30 Namen. Selbst mit den zusätzlichen Unkosten, Listen halbieren und sich den aktuellen Suchbereich merken zu müssen, ist dies ein sehr, sehr schneller Algorithmus.

Obere und untere Schranken

Das **Sortierproblem**, Problem 4 auf der Liste in Kapitel 1, stellt ein anderes Beispiel dar, bei dem die Zeitkomplexität des naiven Algo-

---

[4] Die Wörter „Logarithmus" und „Algorithmus" haben nichts miteinander zu tun.

rithmus bedeutend verbessert werden kann. Stellen Sie sich vor, wir müßten eine Methode finden, ein durcheinandergewürfeltes Telefonbuch in die richtige Reihenfolge zubringen. Als naheliegende Sortiermethode mag einem einfallen, nach dem kleinsten Element in der Liste zu suchen, es auszugeben und von der Liste zu streichen, dann nach dem nächstkleineren zu suchen und so weiter. Im schlimmsten Fall braucht dies $N^2/2$ Vergleiche, was zu N^2 proportional ist und daher als **quadratische Zeit** bezeichnet wird. Es gibt allerdings ausgefuchstere Sortieralgorithmen, die Namen wie **Heapsort** oder **Mergesort** tragen.[5] Diese sind viel schneller. Sie laufen in einer zu $N \cdot \log_2 N$ proportionalen Zeit, was eine bedeutende Verbesserung gegenüber N^2 darstellt. Mit diesen Methoden kann ein durcheinandergeratenes New Yorker Telefonbuch mit nur einigen Millionen statt vieler Milliarden Vergleichen lexikographisch geordnet werden.[6]

---

[5] Siehe D. E. Knuth, *The Art of Computer Programming* Band 3: *Sorting and Searching*, Addison-Wesley, Reading MA 1973, 2. Auflage 1998; T. H. Cormen, C. E. Leiserson, R. L. Rivest *Introduction to Algorithms*, MIT Press, Cambridge MA 1990.

[6] Zeitkomplexität ist offenbar ein relatives Konzept, daß nur in Verbindung mit einer vereinbarten Menge elementarer Operationen sinnvoll ist. Im Falle von Suchen und Sortieren enthalten diese typischerweise das Vergleichen von Namen und Zahlen. Wenn es darum geht, den Algorithmus in einer bestimmten Sprache zu schreiben, oder wenn man einen bestimmten *Compiler* benutzt, können sich Unterschiede in der Laufzeit ergeben. Doch unter der Annahme, daß die Algorithmen übliche elementare Operationen benutzen, werden die Unterschiede meist in dem konstanten Faktor verschluckt, der in dem Ausdruck „Größenordnung" (oder der „Groß-O"-Schreibweise aus einer früheren Fußnote) versteckt ist, so daß sich die Zeitkomplexität in ihrer Größenordnung nicht ändert. Diese Robustheit, zusammen mit der Tatsache, daß größenordnungsmäßig bessere Algorithmen auch in der Praxis meistens besser sind, macht das Studium der Zeitkomplexität für Informatiker höchst interessant. Vergessen Sie aber nicht, daß sich dahinter möglicherweise Fragen von praktischer Bedeutung verbergen, wie zum Beispiel nach der Größe der konstanten Faktoren.

Wir können also in logarithmischer Zeit Namen in geordneten Listen finden und ungeordnete Listen in weniger als quadratischer Zeit sortieren. Doch können wir es noch besser? Können wir einen Eintrag in einem Millionen-Telefonbuch selbst im ungünstigsten Fall mit *weniger* als 20 Vergleichen finden? Gibt es irgendwo einen unbekannten Suchalgorithmus, der selbst im schlimmsten Fall vielleicht nur $\sqrt{\log_2 N}$ viele Schritte benötigt? Wie steht es mit der Sortieraufgabe? Können wir eine Liste vielleicht in Linearzeit sortieren statt in $N \cdot \log_2 N$?

Um diese Fragen etwas besser einordnen zu können, denken wir uns doch ein algorithmisches Problem als ein sich irgendwo befindendes Objekt, das eine ihm innewohnende optimale Lösung besitzt, die wir suchen. Nun kommt z. B. jemand mit einem Algorithmus in quadratischer Zeit. Sobald wir uns davon überzeugt haben, daß der Algorithmus korrekt ist, also tatsächlich das Problem löst, wissen wir, daß die optimale Lösung *nicht schlechter* als quadratische Zeit sein kann, denn wir haben ja eine Lösung in quadratischer Zeit. Wir sagen dann, daß wir uns dem erwünschten Optimum *von oben* genähert haben. Später entdeckt vielleicht jemand einen besseren Algorithmus, der in $N \cdot \log_2 N$ läuft und somit dem inhärenten Optimum näher kommt, ebenfalls von oben. Nun wissen wir, daß das Problem von Natur aus nicht schlechter als diese neue Schranke sein kann, und der erste Algorithmus ist veraltet. Das mag so weitergehen. Man sagt, daß ein wirkungsvoller Algorithmus dem algorithmischen Problem eine **obere Schranke** aufsetzt. Bessere Algorithmen nähern sich dem Problem von oben an und schieben die bisher bekannten Zeitschranken nach unten, näher zu der unbekannten, dem Problem innewohnenden Komplexität.

Aber wie weit können diese Verbesserungen gehen? Können wir die optimale Komplexität auch *von unten* annähern? Was wir nun suchen, ist eine **untere Schranke**. Hierzu hilft kein Algorithmus, sondern nur ein *Beweis* – ein Beweis nämlich, daß es nicht besser geht. Wenn wir exakt beweisen, daß unser Problem durch keinen Algorithmus gelöst werden kann, der im schlimmsten Fall *weniger* als z. B. logarithmische Zeit benötigt, dann brauchen wir nicht nach besseren Algorithmen zu suchen, denn es gibt keine. Solch ein Beweis stellt eine untere Schranke für das algorithmische Problem auf: *Kein* Algorithmus kann eine Verbesserung bewirken, egal wie schlau wir sind oder wie hart wir daran arbeiten.

Ein schneller Algorithmus zeigt, daß die dem Problem innewohnende Zeitanforderung *nicht größer* als eine gewisse Schranke ist, während ein Beweis einer unteren Schranke zeigt, daß sie *nicht kleiner* sein kann. In beiden Fällen handelt es sich um eine Eigenschaft des algorithmischen Problems, die entdeckt wird, und nicht um eine Eigenschaft des speziellen Algorithmus. Dies ist ein heikler und verwirrender Unterschied, den man sorgfältig beachten sollte. Eine untere Schranke für ein Problem aufzustellen bedeutet gewissermaßen, *alle möglichen* Algorithmen dafür zu betrachten, während man eine obere Schranke bereits durch die Konstruktion *eines einzelnen* Algorithmus erreicht.

Beweise für untere Schranken können schwierig zu entdecken sein, aber einmal gefunden setzen sie vergeblichen Versuchen, bessere Algorithmen zu finden, ein Ende. Solche Schranken wurden z. B. für das Such- und das Sortierproblem aufgestellt. Die Suche in einer geordneten Liste besitzt logarithmische Zeit als untere Schranke; also ist der binäre Suchalgorithmus optimal. Es gibt einfach keinen besseren Algorithmus! Das Sortierproblem besitzt eine untere Schranke von $N \cdot \log_2 N$; also sind Algorithmen wie *Heapsort* und *Mergesort*, die diese Zeit erreichen, ebenfalls optimal. Man nennt daher Suchen und Sortieren **geschlossene Probleme**[7]. Wir

---

[7] Die Ausdrücke „optimale Lösung" und „geschlossenes Problem" werden hier im Bezug auf die Größenordnung gebraucht. Wenn obere und untere Schranke übereinstimmen, bedeutet dies nur, daß wir das Optimum bis auf einen konstanten Faktor gefunden haben. Dann sind immer noch Verbesserungen in der Art von 50% oder 90% Zeitgewinn möglich oder Verbesserungen bei anderen Ressourcen wie dem Speicherplatz.

Außerdem gelten die unteren Schranken für Suchen und Sortieren nur, wenn wir lediglich das Vergleichen von Listeneinträgen zulassen und keine eventuelle Zusatzinformation über die Eingabe benutzen. Falls wir mehr über die Eingabe wissen, könnte das Argument für die untere Schranke falsch sein und ein besserer Algorithmus gefunden werden. Ein Extrembeispiel: Falls wir wissen, daß die Eingabe eines Sortierproblems aus verschiedenen natürlichen Zahlen besteht, die zwischen 1 und einer

haben die ihnen innewohnende Zeit-Komplexität entdeckt. Ende der Suche.

Viele algorithmische Probleme sind noch nicht geschlossen. Die für sie bekannten oberen und unteren Schranken stimmen nicht überein; wir sprechen dann von einer **Komplexitätslücke** (*algorithmic gap*). In den nächsten Kapiteln werden wir Beispiele bemerkenswerter und inakzeptabel weiter Lücken kennenlernen. Im Augenblick sollten wir nur festhalten, daß eine Lücke nicht an dem Problem liegt, sondern an unserem Wissen über das Problem. Entweder haben wir es nicht geschafft, den besten Algorithmus zu finden, oder zu beweisen, daß es keinen besseren gibt, oder beides. Die „inhärente Wahrheit" ist irgendwo da draußen; sie ist entweder die obere Schranke oder die untere, oder sie liegt irgendwo dazwischen.

Na und?

Wir wissen nun, daß algorithmische Probleme oft zeitlich effizientere Lösungen besitzen, als die naive Vorgehensweise sie liefert. Eine geordnete Liste kann in logarithmischer Zeit durchsucht werden, und wir können eine Liste in weit weniger als quadratischer Zeit sortieren. Im allgemeinen gibt es noch häufig effizientere Algorithmen zu entdecken.

„Na und?" mögen Sie sagen, „die Algorithmen müssen ja von Computern ausgeführt werden, und Computer sind schnell." Sie glauben vielleicht, „reich" genug zu sein, um eine Million oder eine Milliarde Vergleiche bezahlen zu können, wenn Sie eine Liste durchsuchen wollen, und daß ein paar Sekunden zusätzlicher Computerzeit keinen großen Unterschied ausmachen. Schlimmstenfalls, sagen Sie vielleicht zu sich selbst, kann man immer noch eine schnellere Maschine kaufen. Mit dieser Einstellung braucht man sich auch über Komplexitätslücken nicht zu ärgern. Wir kennen die optimale Lösung zu einem Problem nicht genau? Na und? Sobald wir einen

---

linear von der Listengröße abhängigen Zahl M liegen, dann können wir sogar in Linearzeit sortieren. Man muß nur einen *indexed array* (geordnete Datenstruktur) der Länge M anlegen, jede eingelesene Zahl sofort an die ihr entsprechende Stelle schreiben und dann die nicht-leeren Werte des Arrays als Ausgabe ablesen.

halbwegs vernünftigen Algorithmus gefunden haben, brauchen wir
uns doch gar nicht mehr für einen besseren zu interessieren oder für
einen Beweis, daß es keinen besseren gibt.

Ist die ganze Fragestellung der algorithmischen Effizienz nur ein
Sturm im Wasserglas?

Die Türme von Hanoi

Beginnen wir, diese Frage mit einem Spiel zu beantworten, das als
„die Türme von Hanoi" bekannt ist.

Es gibt in diesem Spiel drei Türme oder Pflöcke A, B und C.
Drei Scheiben in abnehmender Größe liegen um den Pflock A; die
Pflöcke B und C sind leer (siehe Abbildung 3.1). Wir wollen nun die
Scheiben von A auf einen anderen Pflock bewegen. Dabei dürfen
wir den dritten Pflock benutzen. Wir dürfen aber nur eine Scheibe
nach der anderen bewegen, und eine größere Scheibe darf nie auf
einer kleineren zu liegen kommen.

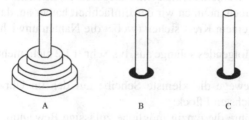

    A   B   C

Abb. 3.1. Die Türme von Hanoi

Dieses Geduldsspiel kann in folgenden sieben Schritten gelöst
werden:

1. Bewege die oberste Scheibe von A nach B;
2. bewege die oberste Scheibe von A nach C;
3. bewege die oberste Scheibe von B nach C;
4. bewege die oberste Scheibe von A nach B;
5. bewege die oberste Scheibe von C nach A;
6. bewege die oberste Scheibe von C nach B;
7. bewege die oberste Scheibe von A nach B.

Man kann unschwer nachprüfen, daß diese Reihe von Bewegungen tatsächlich funktioniert: Die Regeln werden beachtet, und am Ende liegen die Scheiben um den Pflock *B*. Versuchen Sie nun, das gleiche Spiel mit vier anstatt drei Scheiben zu lösen (die Anzahl der Pflöcke verändert sich nicht). Sie sollten nicht zu lange brauchen, um eine Folge von 15 Anweisungen für diesen Fall zu finden.

Solche Spiele sind vielleicht unterhaltsam und herausfordernd, aber es geht uns hier um Algorithmik, nicht um Spielereien. Wir interessieren uns für das allgemeine Problem, das hinter den Türmen von Hanoi steht, nicht für einzelne Beispiele. Ein Lösungsalgorithmus soll für jede Eingabe einer Zahl *N* eine Liste von Anweisungen erstellen, wie das Spiel für *N* Scheiben zu lösen ist. Sobald wir über einen solchen Algorithmus verfügen, kann jede einzelne Version der Türme von Hanoi – mit drei Scheiben, vier Scheiben oder gar mit 3 178 Scheiben – gelöst werden, indem wir einfach den Algorithmus mit der entsprechenden Zahl als Eingabe laufen lassen.

Nun gibt es tatsächlich einen ganz einfachen Algorithmus hierfür, der sogar von einem kleinen Kind ausgeführt werden kann.[8] Um ihn zu beschreiben, nehmen wir der Einfachheit halber an, daß die drei Pflöcke in einem Kreis stehen (wobei die Namen unwichtig sind).

1. Führe folgendes solange aus, bis Schritt 1.2 nicht mehr möglich ist:
   1.1. bewege die kleinste Scheibe auf den im Uhrzeigersinn nächsten Pflock;
   1.2. führe die einzig mögliche zulässige Bewegung mit einer anderen Scheibe als der kleinsten aus;
2. halte an.

Bei Schritt 1.2 wird eine andere Scheibe als die kleinste verschoben. Natürlich muß sie dabei auf eine größere Scheibe gelegt werden. Dieser Schritt kann nur dann *nicht* ausgeführt werden, wenn bereits alle Scheiben in der richtigen Ordnung auf einen anderen Pflock verschoben wurden, denn dann liegt allein die kleinste Scheibe irgendwo oben. Wenn Schritt 1.2 ausgeführt werden kann, dann gibt es

---

[8] P. Buneman, L. Levy „The Towers of Hanoi Problem", *Inf. Proc. Lett.* **10** (1980), S. 243-244.

nur *eine* Möglichkeit dafür: Auf einem der Pflöcke liegt die kleinste Scheibe obenauf, und außerdem ist von den auf den beiden anderen Pflöcken oben liegenden Scheiben eine kleiner als die andere (oder auf einem Pflock liegen gar keine Scheiben). Also besteht die einzige Bewegung mit einer anderen Scheibe als der allerkleinsten darin, diese kleinere Scheibe auf den anderen Pflock zu schieben.

Eine Zeitanalyse des Algorithmus zeigt, daß die Anzahl der durchgeführten Einzelbewegungen genau $2^N - 1$ beträgt (2^N ist 2 mit sich selbst malgenommen, und zwar N-mal). Da N im Exponenten auftritt, wird eine solche Funktion **exponentiell** genannt. Es kann nun gezeigt werden, daß $2^N - 1$ auch eine *untere* Schranke für dieses Problem darstellt: Es gibt keine Möglichkeit, alle N Scheiben gemäß der Regeln mit weniger als $2^N - 1$ Einzelbewegungen zu verschieben. Also ist unsere Lösung optimal.

Aber ist es eine *gute* Lösung? Optimal zu sein bedeutet in unserem Geschäft nur, daß wir es nicht besser können, und nicht notwendigerweise, daß wir damit glücklich sind. Ist denn $2^N - 1$ eine gute Zeitschranke, wie N oder $N \cdot \log_2 N$? Vielleicht sogar eine so ausgezeichnete Schranke wie $\log_2 N$?

Um diese Frage zu beantworten, schauen wir uns die Originalversion des Spiels an: In ihr sollten tibetische Mönchen die Scheiben bewegen. Nun gab es zwar ebenfalls drei Pflöcke, aber 64 statt drei Scheiben. In Anbetracht der $(2^N - 1)$-Komplexität bräuchten diese Mönche, selbst wenn sie eine Million Scheiben in der Sekunde bewegen könnten, immer noch mehr als eine halbe Million Jahre, um den 64-Scheiben-Prozeß zu vollenden! Wenn sie, etwas realistischer gerechnet, eine Scheibe in fünf Sekunden bewegen würden, bräuchten sie fast drei Billionen Jahre! Kein Wunder, daß sie glaubten, die Welt ginge unter, bevor sie fertig würden. Das Problem der Türme von Hanoi ist hoffnungslos zeitaufwendig, zumindest für 64 oder mehr Scheiben!

Schlechte Nachrichten, in der Tat.

Aber irgendwie ist diese Aussage nicht ganz überzeugend. Sie scheint keine wirklich schlechte Nachricht für die Welt des Berechenbaren zu bedeuten, sondern nur die Tatsache widerzuspiegeln, daß die Ausgabe in diesem Fall sehr lang ist. Was auch immer wir tun, das Spiel ist nun einmal so gebaut, daß $2^N - 1$ Bewegungen nötig sind, um N Scheiben zu versetzen. Und das algorithmische Problem fragt nach einer Liste dieser Bewegungen. Die Berechnungen sind äußerst einfach, nur die *Ausgabe* ist lang. Dieses anscheinend langweilige Phänomen hätten wir auch mit dem „Problem" vorstellen können, nach Eingabe einer Zahl N einfach $(2^N - 1)$-mal den Buchstaben a auszudrucken. Auch dies benötigt $2^N - 1$ Zeiteinheiten und geht nicht schneller.

Unsere Frage ist daher: Taucht dieser verheerende Zeitbedarf von Millionen und Abermillionen von Jahren nur dann auf, wenn die Ausgaben verheerend lang sind? Können wir Probleme mit *kurzen* Ausgaben finden, die sich genauso schlecht verhalten? Wie steht es mit Entscheidungsproblemen? Denn ein Algorithmus, der am Ende nur „ja" oder „nein" sagt, verbraucht all seine Zeit, um sein Urteil zu fällen, nicht um es auszugeben. Können solche Probleme ebensoschlecht sein?

Bevor wir damit fortfahren, sollten wir uns solche wirklich ungeheueren Zeitverhalten wie $2^N - 1$ etwas näher anschauen.

Die guten, die schlechten und die häßlichen

Exponentielle Funktionen wie 2^N ergeben viel früher als lineare oder quadratische Funktionen sehr große Zahlen. Nehmen wir $N = 100$. Dann ist N^2 gerade mal 10 000, während dagegen 2^N eine *riesige* Zahl ist, weit mehr als die Anzahl der seit dem Urknall vergangenen Mikrosekunden (siehe Abbildung 3.2). Exponentielle Funktionen lassen problemlos alle **polynomialen** Funktionen als Zwerge erscheinen – also alle Funktionen der Form N^K für ein festes K, etwa N^{12} oder N^{15}. Zwar ist zum Beispiel N^{100} größer als 2^N für alle Werte von N bis zu einem gewissen Punkt (996, um genau zu sein). Aber 2^N beginnt von diesem Punkt an, N^{100} äußerst schnell hinter sich zu lassen. Entsprechendes gilt für jede Wahl von K.

Andere Funktionen zeigen ein ähnlich unannehmbares Größenwachstum auf. Zum Beispiel die Fakultätsfunktion, welche jeder Zahl N die Zahl $N! = 1 \cdot 2 \cdot 3 \cdot \ldots \cdot N$ (gesprochen: N Fakultät) zuordnet. Diese Funktion wächst sogar noch viel schneller als 2^N.

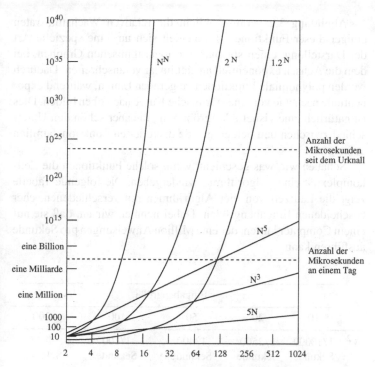

Abb. 3.2. Polynomiales und exponentielles Wachstum

Und die Funktion N^N, also N mit sich selbst N-mal malgenommen, wächst nochmals viel schneller. Für $N = 20$ beträgt der Wert von 2^N über eine Million (1 048 576, um genau zu sein[9]), der Wert von $N!$ liegt weit über 2 Trillionen, und der Wert von N^N beträgt mehr als 104 Quadrillionen. Für $N = 150$ ist 2^N milliardenmal größer als die Anzahl der Protonen im gesamten bekannten Universum, und $N!$ und N^N erreichen diese Zahl bereits für viel kleinere Werte von N.

---

[9] Eng in Zusammenhang damit steht die bei der Suche durch das New Yorker Telefonbuch erwähnte Tatsache, daß der (ganzzahlige Anteil des) Logarithmus von einer Million gerade 20 beträgt, denn 2^N verhält sich zu N geradeso wie N zu $\log_2 N$.

Abbildung 3.2 veranschaulicht die relativen Wachstumsraten einiger dieser Funktionen. Es handelt sich um eine spezielle Art der Darstellung, einen sogenannten logarithmischen Graphen, bei dem die Achsen exponentiell anstatt linear voranschreiten. Dadurch werden polynomiale Funktionen zu geraden Linien, während exponentielle nach wie vor eine stürmische Kurve nach oben bilden. Dies ist natürlich eine visuelle Vergröberung, die aber schön den Unterschied zwischen den beiden gerade diskutierten Funktionsfamilien aufzeigt.[10]

Schauen wir, was geschieht, wenn solche Funktionen die Zeitkomplexität eines Algorithmus wiedergeben. Die folgende Tabelle zeigt die Laufzeit von vier Algorithmen mit verschiedenen, eher bescheidenen Eingabengrößen. Dabei nehmen wir an, daß sie auf einem Computer laufen, der eine Million Anweisungen pro Sekunde ausführen kann:

	Eingabengröße				
	10	20	50	100	200
N^2	1/10000 Sekunde	1/2500 Sekunde	1/400 Sekunde	1/100 Sekunde	1/25 Sekunde
N^5	1/10 Sekunde	3,2 Sekunden	5,2 Minuten	2,8 Stunden	3,7 Tage
2^N	1/1000 Sekunde	1 Sekunde	35,7 Jahre	über 400 Bio. Jahrhunderte	45stellige Zahl an Jhd.
N^N	2,8 Stunden	3,3 Bio. Jahre	70stellige Zahl an Jhd.	185stellige Zahl an Jhd.	445stellige Zahl an Jhd.

Zum Vergleich: Der Urknall war vor 12–15 Milliarden Jahren.

---

[10] H. R. Lewis, C. H. Papadimitriou „The Efficiency of Algorithms", *Scientific American* **238**:1 (1978), S. 96–109; L. J. Stockmeyer, A. K.Chandra „Intrinsically Difficult Problems", *Scientific American* **240**:5 (1979), S. 124–133.

Die ersten beiden Zeilen der Tabelle geben zwei typische Polynome wieder: N^2 und N^5. Die beiden letzten führen exponentielle Funktionen auf. Die Tabelle soll illustrieren, daß diese beiden Paare sich extrem unterscheiden. Die Laufzeiten des ersten sind vernünftig, mit ihnen können wir leben. Die des zweiten sind es nicht; mit ihnen können wir nicht leben.

Zugegebenermaßen verhält sich der N^5-Algorithmus bereits schlecht genug bei einer Eingabe der Größe 200, aber mit einem schnelleren Rechner und einigen straffen Optimierungstechniken könnten wir wohl die 3,7 Tage um einen Faktor 10 reduzieren, und die Aufgabe würde praktikabel werden. Aber schauen wir uns die *schlechten* Algorithmen an, die mit Komplexität 2^N und N^N. Selbst der schnellere der beiden ist so unglaublich zeitfressend, daß er im ungünstigsten Fall bereits 400 Billionen Jahrhunderte für eine einzige Eingabe der Größe 100 braucht. Für größere Eingaben (sogar nur wenig größere) wäre er noch viel, viel langsamer. Stärker wachsende Funktionen wie N^N liefern solche verheerenden Nachrichten viel früher, d. h. für viel kleinere Eingaben.

Die wirklich unangenehmen Teile der Tabelle können nicht durch schlaue Tricks bewältigt werden, andere Programmiersprachen etwa oder ein schickes Webseiten-Design im Internet. Selbst eine voll interaktive, benutzerfreundliche, graphische, objektorientierte und verteilte Vorgehensweise (um einige Modewörter zu benutzen) mit allen Pauken und Trompeten hätte keine feststellbaren Auswirkungen.

Schnellere Hardware hilft auch nichts. Vielleicht mögen Sie die Annahme „eine Anweisung pro Mikrosekunde" nicht, weil jederzeit, schon während wir jetzt reden, schnellere Computer entwickelt und verfügbar werden. Aber selbst, wenn wir eine 10 000mal schnellere Maschine besäßen (und das wird nicht über Nacht geschehen), wären die Veränderungen im interessanten Teil der Tabelle lächerlich gering. Zum Beispiel müßte der Eintrag „eine 185stellige Zahl an Jahrhunderten" für den N^N-Algorithmus bei Eingabengröße 100 durch „eine 180stellige Zahl an Jahrhunderten" ersetzt werden. Dann haben wir es aber! Noch schlagender ist, daß wir die Eingabengröße nur ganz wenig verändern müßten, damit der 10 000mal schnellere Computer die gleiche 185stellige Anzahl an Jahrhunderten läuft: nämlich gerade mal von 100 auf 102. Mehr nicht. Die Steilheit der Kurven in Abbildung 3.2 drückt genau dieses Phänomen aus.

Dies führt auf eine grundlegende Einteilung der Zeitkomplexitäts-Funktionen in zwei Klassen: die „guten" und die „schlechten". Die guten sind die polynomialen (oder genauer die durch eine polynomiale Funktion nach oben beschränkten). Die schlechten, auch **superpolynomiale**[11] Funktionen genannt, bilden den ganzen Rest. Zum Beispiel sind also logarithmische, quadratische und lineare Funktionen gut, wie auch $N \cdot \log_2 N$, während dagegen 2^N, $N!$ und N^N schlecht sind. Später werden wir noch schlechtere sehen, die sich wirklich häßlich verhalten.

Undurchführbarkeit

Einen Algorithmus (oder ein Programm), dessen *Worst-Case*-Abschneiden von einer guten (d. h. polynomialen) Funktion in der Eingabengröße eingefangen wird, nennt man einen **Polynomialzeit-Algorithmus**. Einen Algorithmus, der im schlimmsten Fall superpolynomiale Zeit erfordert, betrachten wir im Vergleich dazu als schlecht. So überträgt sich die obige Einteilung auf die Algorithmen.

---

[11] Eigentlich sollten wir hier „exponentiell" statt „superpolynomial" sagen. Unsere Terminologie ist deshalb etwas ungenau, da es Funktionen wie $N^{\log_2 N}$ gibt, die superpolynomial, aber nicht wirklich exponentiell sind. In folgenden Artikeln wurde zuerst die Bedeutung der Dichotomie zwischen polynomialer und superpolynomialer Zeit erkannt: M. O. Rabin „Degree of Difficulty of Computing a Function and a Partial Ordering of Recursive Sets", Technical Report Nr. 2, Hebräische Universität Jerusalem, Abteilung angewandte Logik, 1960; A. Cobham „The Intrinsic Computational Difficulty of Functions" in: Y. Bar-Hillel (Hrsg.) *Proc. 1964 Int. Congress for Logic, Methodology, and Phil. of Sci.*, North Holland 1965, S. 24–30; J. Edmonds „Paths, Trees, and Flowers", *Canad. J. Math.* **17** (1965), S. 449–467; J. Hartmanis, R. E. Stearns „On the Computational Complexity of Algorithms", *Trans. Amer. Math. Soc.* **117** (1965), S. 285–306.

Wir wollen nun auch die *algorithmischen Probleme* einteilen, je nachdem, ob sie durch einen guten Algorithmus gelöst werden können oder nicht. Dabei müssen wir alle möglichen Lösungen beachten. Entsprechend wird ein algorithmisches Problem, welches einen guten Algorithmus als Lösung besitzt, **durchführbar**[*] genannt, wohingegen ein lösbares Problem, das aber nur schlechte Lösungen zuläßt, als **undurchführbar** bezeichnet wird. Wir sollten noch einmal darauf hinweisen, daß ein Problem erst dann als undurchführbar gelten kann, wenn es bewiesenermaßen keinen guten Algorithmus dafür gibt – und nicht schon dann, wenn wir lediglich keinen guten Algorithmus gefunden haben. Es darf überhaupt keinen geben. Auch keinen, der noch der Entdeckung harrt. Wenn wir trotz aller Bemühungen keinen Polynomialzeit-Algorithmus für ein Problem entdeckt haben, so wird es dadurch zu einem *Kandidaten* für ein undurchführbares Problem. Doch wir brauchen einen *Beweis* einer exponentiellen unteren Schranke, damit es tatsächlich undurchführbar genannt werden darf.

Die Zahlen und Tabellen im vorigen Abschnitt sollen diese Zweiteilung unterstützen. Undurchführbare Probleme benötigen sogar für kleine Eingaben hoffnungslos viel Zeit, anders als durchführbare.

Tatsächlich ist alles nicht so deutlich abgegrenzt, und man kann fragen, ob es weise ist, die Trennlinie gerade da zu ziehen, wo wir es getan haben. Wie wir bereits erwähnt haben, ist ein Algorithmus der Zeitkomplexität N^{100} (also ein gemäß unserer Definition guter) für Eingaben kleiner als 996 langsamer als ein Algorithmus der schlechten Komplexität 2^N. Der Umkippunkt wird viel größer, wenn wir N^{100} zum Beispiel mit $1,001^N$ vergleichen, was ebenfalls als schlecht gilt. Nichtsdestotrotz ist die Mehrzahl schlechter Algorithmen tatsächlich nicht besonders nützlich, und die meisten guten sind nützlich genug, um die getroffene Unterscheidung zu bestätigen. In den Anwendungen haben Polynomialzeit-Algorithmen nämlich üblicherweise quadratische oder kubische Zeitkomplexität, also N^2 oder N^3, und nicht N^{100}. Entsprechend findet man in den Anwen-

---

[*] Engl. *tractable*. Im Deutschen wird auch von „machbar", „praktisch berechenbar", „traktabel" u. v. m. gesprochen. *Anm. des Übers.*

dungen keine undurchführbaren Probleme, deren beste Algorithmen eine Komplexität von $1,001^N$ aufweisen, sondern in der Regel 2^N oder $N!$ oder noch schlechter.

Es gibt noch einen anderen Punkt. Erinnern Sie sich an die Church-Turing-These, welche besagt, daß die Klasse der berechenbaren Probleme robust ist, also unberührt von Unterschieden zwischen den Berechnungsmodellen. Dies rechtfertigt die Trennungslinie in Abbildung 2.1. Im allgemeinen sind nun die Berechnungsmodelle sogar **polynomial äquivalent**. Dies bedeutet, daß ein in Ihrem Modell lösbares Problem nicht nur auch in meinem lösbar ist, sondern daß die Laufzeitunterschiede polynomial sind und somit vernachlässigbar, wenn es nur darum geht, ob ein Problem gut oder schlecht ist. Mein Rechner ist vielleicht viel langsamer als Ihrer, vielleicht 10mal oder 100mal langsamer. Oder die Zeit, die er braucht, ist das Quadrat der von Ihrem Computer verbrauchten Zeit oder diese hoch drei oder hoch fünf. Aber er braucht nicht *exponentiell* mehr Zeit. Was auf Ihrem Rechner gut ist, ist auch auf meinem gut.

Dies gilt sogar für so primitive Modelle wie Turing-Maschinen. Obwohl sie entmutigend langsam sind, weil sie an einem Band hin- und herfahren müssen und nur einzelne Symbole behalten und ändern können, sind sie doch nicht *übermäßig* langsam. Sie sind nur polynomial weniger effizient als sogar der schnellste und komplizierteste Computer, der mit dem Modernsten an Programmiersprachen, Techniken und Software arbeitet.

Als Schlußfolgerung hieraus ist nicht nur die Klasse der *berechenbaren* Probleme robust, sondern auch die Klasse der *durchführbaren* Probleme. Es handelt sich also dabei um eine Verfeinerung der CT-These, die auch die Laufzeit in Betracht zieht, und manchmal die **These zur sequentiellen Berechenbarkeit** (*sequential computation thesis*) genannt wird.

Gutes ist überall gut und Schlechtes überall schlecht, oder, um es mit dem bekannten Kinderlied* über den tapferen alten Herzog von York[12] zu umschreiben:

And when they are up they are up
And when they are down they are down

Eine Einschränkung allerdings: Im Gegensatz zur CT-These, für die nicht der geringste Hinweis vorliegt, daß wir irgendwann einmal unsere Vorstellungen ändern müßten, gibt es hier eine Spur von Zweifel. Das recht neue und aufregende Gebiet der **Quantenrechner** scheint bereit, die These zur sequentiellen Berechenbarkeit herauszufordern. Es besteht die Möglichkeit (gering allerdings, wenn man die Anzahl der Wissenschaftler zählt, die so denken), daß dieses neue Berechnungsmodell einige undurchführbare Probleme in durchführbare und praktisch berechenbare verwandeln könnte. Wir werden ausführlicher in Kapitel 5 darüber sprechen. Aber selbst falls dies eines Tages geschehen sollte, liegt es doch in ferner Zukunft. Daher wollen wir vorerst auf der Grundlage dieser stärkeren These weiterarbeiten, mit der Überzeugung also, daß Durchführbarkeit ein starker und robuster Begriff ist, unabhängig von allem, was wir derzeit kennen.

Der Sphäre algorithmischer Probleme aus Abbildung 2.1 fallen nun sozusagen die Mundwinkel herab, und eine dritte Trennlinie

---

* Es gibt leicht unterschiedliche Versionen dieses Kinderverses vom „brave old Duke of York"; hier folgt eine davon:
  Oh, the brave old Duke of York // He had ten thousand men; // He marched them up to the top of the hill // And he marched them down again. // And when they were up they were up // And when they were down they were down // And when they were only half-way up // They were neither up nor down."
  (Oh, der tapfere alte Herzog von York, er hatte zehntausend Mann, er ließ sie den Hügel hinaufmarschieren und ließ sie wieder hinabmarschieren. Und wenn sie oben waren, waren sie oben, und wenn sie unten waren, waren wie unten, und wenn sie auf halber Strecke waren, dann waren sie weder oben noch unten.) *Anm. des Übers.*

[12] Siehe W. S. Baring, C. Baring-Gould *Annotated Mother Goose*, Clarkson N. Potter, New York 1962, S. 138.
  (Oft wird er fälschlich als „*grand* old Duke of York" bezeichnet.)

wird eingefügt: siehe Abbildung 3.3. Diese neue Linie ist die wichtigste, trennt sie doch die in der Praxis lösbaren Probleme von den anderen. Es ist kein großer Unterschied, ob Ihr Problem unentscheidbar oder „nur" undurchführbar ist – in beiden Fällen können Sie es nicht lösen, zumindest nicht im absoluten *Worst-Case*-Sinn von „muß bei jeder möglichen Eingabe korrekt und effizient arbeiten".

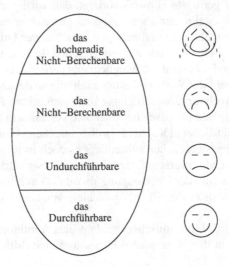

Abb. 3.3. Die Sphäre algorithmischer Probleme: 3. Fassung

Roadblock und Schach

In der Theorie klingt das alles sehr schön. Wir haben lösbare und unlösbare Probleme, und bei ersteren haben wir zusätzlich eine Unterscheidung, welche diejenigen als schlecht bezeichnet, die keine Lösung in polynomialer Zeit gestatten. Aber vielleicht gibt es gar keine solchen Fälle, es sei denn eine übermäßig lange Ausgabe wird verlangt. Gibt es überhaupt inhärent undurchführbare Probleme, oder sind alle berechenbaren und entscheidbaren Probleme auch durchführbar? Gibt es Probleme mit *bewiesener* exponentieller unterer Schranke, deren Undurchführbarkeit nicht allein darauf beruht, daß exponentiell lange Ausgaben ausgeschüttet werden müssen, sondern in der Natur ihrer Berechnungsanforderungen liegt? Die Antwort ist ein deutliches Ja. Ebenso wie es viele unentscheidbare Probleme gibt, hat man von vielen Problemen bewiesen, daß sie nur mit unmäßigem Zeitaufwand gelöst werden können, welchen Algorithmus und welche Maschine man auch immer benutzt.

Unser Beispiel hierfür ist wie das Fliesenbeispiel wieder eher spielerisch. Es wird *Roadblock** genannt und von zwei Spielern, Anne und Bernd, auf einer Karte sich schneidender Straßen gespielt. Dabei trägt jeder Straßenabschnitt eine von mehreren Farben. Manche Schnittpunkte sind mit *Anne gewinnt* bzw. mit *Bernd gewinnt* beschriftet, und jeder Spieler besitzt mehrere Autos, die auf verschiedenen Schnittpunkten stehen. Am Zug darf der Spieler oder die Spielerin eines der eigenen Autos entlang der Straßen zu einem anderen Schnittpunkt fahren, allerdings mit zwei Einschränkungen: (1) Kein Schnittpunkt auf dem Weg einschließlich des Zielpunktes darf von einem anderen Wagen besetzt sein, auch nicht von einem eigenen; (2) während eines Zuges muß ein Spieler auf einer Farbe bleiben; er darf die Farbe der Straßenabschnitte erst beim nächsten Zug wechseln. Gewonnen hat, wer als erster einen seiner Gewinnpunkte erreicht.

Die Eingabe des *Roadblock*-Problems besteht aus einer Beschreibung der Straßenkarte zusammen mit den Gewinnpunkten und den Positionen der auf den Schnittpunkten aufgestellten Autos. Das Problem fragt nun danach, ob Anne (die am Zug ist) über eine Gewinnstrategie verfügt.[13] Abbildung 3.4 zeigt eine *Roadblock*-Spielsituation, bei der die umkreisten „A" und „B" die Standorte von Annes bzw. Bernds Wagen kennzeichnen. Verschiedenartige Linien stehen dabei für verschiedene Farben. Bei dieser bestimmten Eingabe, also in dieser bestimmten Situation kann Anne am Zug gewinnen (und zwar wie?), gleich wie Bernd zieht. Beachten Sie, daß

---

* Dt. etwa Straßensperre, Verkehrshindernis. *Anm. des Übers.*

[13] Eine Gewinnstrategie in einem Spiel ist ein Rezept (also in Wirklichkeit ein Algorithmus) für die beginnende Spielerin, das für jeden Zug des Gegners einen Antwortzug vorschlägt, mit dem sie stets sicher gewinnt, gleichgültig wie der Gegner zieht.

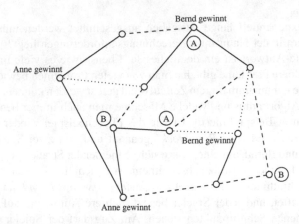

Abb. 3.4. Eine *Roadblock*-Spielsituation, in der Anne gewinnen kann.

es uns um das Entscheidungsproblem geht: Wir fragen nicht *wie*, sondern *ob*. Wir möchten nur ein „Ja" oder ein „Nein".

Es wurde bewiesen, daß das *Roadblock*-Problem 2^N als untere Schranke besitzt. Dabei ist die Eingabengröße N die Anzahl der Schnittpunkte auf der Karte. Während also kleine *Roadblock*-Situationen (wie in Abbildung 3.4) vielleicht leicht zu analysieren sind und einige größere vielleicht nicht zu schwierig, wird für den schlimmsten Fall *jeder* Algorithmus sich absolut schrecklich verhalten: Selbst für den besten Algorithmus, den wir entwerfen können, gibt es immer denkbare Spielsituationen, welche ihn eine unannehmbar lange Zeit laufen lassen.[14]

Es gibt also keine praktizierbare algorithmische Methode, und es wird nie eine geben, um im allgemeinen festzustellen, ob ein gegebener Spieler eine sichere Gewinnstrategie in einem *Roadblock*-Spiel besitzt. Denken Sie noch einmal daran, daß es sich um die Version als Entscheidungsproblem handelt: Falls wir Annes Gewinnstrategie *sehen* wollten, sofern sie eine hat, oder ein Beispiel, wie Bernd gewinnen könnte, sofern sie keine hat, dann würden die Dinge mindestens so schlecht liegen, vielleicht sogar schlechter.

---

[14] L. J. Stockmeyer, A. K. Chandra „Provably Difficult Combinatorial Games", *SIAM J. Comput.* **8** (1979), S. 151–174.

Da wir gerade über Spiele und Gewinnstrategien sprechen, betrachten wir das entsprechende Problem für Schach. Hat Weiß eine sichere Gewinnstrategie in einer gegebenen Spielsituation? Obwohl natürlich Schach ein sehr schwieriges Spiel in seinem klassischen 8×8-Format ist, läßt es sich interessanterweise nicht den üblichen Zeiteinschätzungen unterwerfen. Der Grund liegt darin, daß die Eingabengröße festgelegt ist. Wir können also nicht über die Laufzeitzunahme in Abhängigkeit von der Zunahme der Eingabengröße sprechen. Da es im ganzen Spiel nur endlich viele Spielzustände gibt – auch wenn es sehr viele sind –, handelt es sich bei dem Gewinnstrategieproblem für Schach um ein endliches Problem, und wir können es nicht wirklich in die Größenordnungskomplexität einordnen.[15] Wir bräuchten Eingaben mit *unbeschränkter Größe* wie bei *Roadblock*.

Um über die Berechenbarkeitskomplexität von Brettspielen fester Größe sprechen zu können, definieren Wissenschaftler üblicherweise verallgemeinerte Versionen, bei denen sich für jede Brettgröße ein anderes Spiel ergibt. Das N-Spiel wird dann auf dem $(N \times N)$-Brett gespielt, die Menge der Figuren und ihre erlaubten Züge werden angemessen verallgemeinert. Bei Schach und Dame gibt es natürliche Möglichkeiten hierzu, die wir aber nicht beschreiben wollen. Interessant aber ist, daß in beiden Fällen das Gewinnstrategieproblem ebenfalls nicht durchführbar ist.[16]

Noch schwierigere Probleme

Alle bislang besprochenen entscheidbaren, aber undurchführbaren Probleme (die Türme von Hanoi, *Roadblock*, verallgemeinertes Schach und Dame) haben exponentielle obere Zeitschranken. Mit anderen Worten können sie in 2^N, 3^N oder ähnlicher Zeit gelöst werden. Die Wirklichkeit ist um einiges grausamer: Es gibt viel schlechtere entscheidbare Probleme.

---

[15] Über Computerschach werden wir in Kapitel 7 reden.

[16] A. S. Fraenkel, D. Lichtenstein „Computing a Perfect Strategy for $n \times n$ Chess Requires Time Exponential in n", *J. Combinatorial Theory*, Series A31 (1981), S. 199–214; J. M. Robson „N by N Checkers is Exptime Complete", *SIAM J. Comput.* 13 (1984), S. 252–267.

Stellen Sie sich einen logischen Formalismus vor, in dem man Dinge wie „falls die Aussage P wahr ist, dann ist die Aussage Q falsch" ausdrücken kann. Nehmen wir ferner an, daß P und Q für sinnvolle Aussagen über mathematische Objekte stehen (etwa über natürliche Zahlen). Zum Beispiel könnten wir „falls $X = 15$, dann gibt es kein Y mit $X = Y + Y$" ausdrücken wollen. Diese Aussage ist wahr, denn 15 ist ungerade (und alle Werte müssen natürliche Zahlen sein). Da man gerne die mathematische Wahrheitsfindung automatisieren würde, suchen Informatiker nach effizienten Methoden, den Wahrheitswert solcher Aussagen zu bestimmen.

Wie schwierig ist dieses spezielle Wahrheitsfindungsproblem? Bevor wir uns dieser Frage zuwenden, sollten wir doppelt-exponentielle Funktionen erklären. Betrachten Sie die Funktion 2^{2^N}, also 2 nicht nur N-mal, sondern 2^N-mal mit sich selbst malgenommen. Schon für $N = 5$ beträgt der Wert von 2^{2^N} über 4 Milliarden; für $N = 7$ liegt der Wert deutlich über unserem bekannten Maß, der Anzahl der seit dem Urknall vergangenen Mikrosekunden. Tatsächlich verhält sich 2^{2^N} zu der schlechten Funktion 2^N genauso wie 2^N zu der guten Funktion N. Sie ist also *doppelt* schlecht.

Kommen wir nun zu dem Problem, die Wahrheit oder Falschheit von Aussagen über natürliche Zahlen festzustellen. Dazu schränken wir zunächst die logische Sprache für die natürlichen Zahlen dadurch ein, daß wir von allen arithmetischen Operationen allein die Addition in unseren Aussagen erlauben. Das oben erwähnte Beispiel mit $X = 15$ ist also zugelassen. Kompliziertere Operationen wie Multiplikation oder Division sind verboten. Von dem resultierenden Formalismus, **Presburger-Arithmetik** genannt, konnte gezeigt werden, daß er doppelt-exponentielle untere und obere Schranken besitzt. Jeder Algorithmus, der den Wahrheitswert in dieser Logik der Addition natürlicher Zahlen bestimmt – und es gibt solche Algorithmen –, wird bereits für manche äußerst kurzen Aussagen *entsetzlich* lange laufen.[17]

---

[17] M. J. Fischer, M. O. Rabin „Super-Exponential Complexity of Presburger Arithmetic", in: R. M. Karp (Hrsg.) *Complexity of Computation*, Amer. Math. Soc., Providence RI 1974, S. 27–41. Die Länge N einer Ein-

Während die Presburger-Arithmetik sich also doppelt-exponentiell verhält, gibt es einen anderen über Arithmetik sprechenden logischen Formalismus mit dem kryptischen Namen **WS1S**, der noch weit schlechter ist. In dieser Logik können wir nicht nur über natürliche Zahlen sprechen, sondern auch über *Mengen* von natürlichen Zahlen, während die einzige Operation, die wir zulassen, die Addition mit 1 ist. Wir können also Sachen ausdrücken wie „es gibt eine Menge S natürlicher Zahlen, von denen jede die Eigenschaft besitzt, daß, wenn man 1 zu ihr addiert, ... ". Mit WS1S algorithmisch umzugehen, ist unvorstellbar schwierig. Betrachten Sie die *dreifach* exponentielle Funktion $2^{2^{2^N}}$. Um Ihnen eine Vorstellung davon zu geben, wie schnell diese Funktion wächst: Wollten wir sie in die obige Tabelle einfügen, so bekämen wir schon bei einer Eingabegröße von 4 eine Laufzeit von einer 19 731stelligen Anzahl von Jahrhunderten (und vergleichen Sie dies mit der 445stelligen Zahl für den N^N-Algorithmus bei einer Eingabe der Größe 200). Können Sie sich dies vorstellen?

Wie steht es nun mit WS1S? Zunächst einmal ist WS1S entscheidbar. Man kennt Algorithmen, die feststellen, ob eine Aussage in WS1S wahr oder falsch ist. Andererseits aber wurde gezeigt, daß für WS1S *überhaupt kein* mehrfach exponentieller Algorithmus existieren kann. Welchen Algorithmus auch immer Sie wählen, der Wahrheitswerte in dieser Logik bestimmen kann, und wieviele Zweien Sie in einer Kaskade von Exponenten der Form $2^{2^{2^{...^N}}}$ auftürmen: Sie finden stets noch eine Formel der Länge N, für die Ihr Algorithmus eine längere Laufzeit erfordert![18] In solch verheerenden Fällen ist das Problem nicht nur undurchführbar, es ist mehr als

---

gabeformel erhält man dadurch, daß man die Anzahl der vorkommenden arithmetischen Operationen = und + (und × bei der vollen Arithmetik) sowie die Anzahl der logischen Operatoren wie *und*, *oder*, *nicht*, *es gibt* zählt.

[18] A. R. Meyer „Weak Monadic Second Order Theory of Successor is not Elementary Recursive", in: R. Parikh (Hrsg.) *Logic Colloquium*, Lecture Notes in Mathematics Band 453, Springer-Verlag, Berlin 1975, S. 132–154.

doppelt, dreifach, vierfach undurchführbar. Wir könnten solche im Prinzip zwar berechenbaren Probleme *hochgradig undurchführbar* nennen bzw. von *unbeschränkter Undurchführbarkeit* sprechen.

Wenn wir in der Presburger-Arithmetik, also in der Möglichkeit, über natürliche Zahlen zu sprechen, die Einschränkung an die Operationen fallenlassen und auch die Multiplikation zulassen, erhalten wir einen Formalismus, der **Arithmetik erster Stufe** genannt wird. Interessanterweise wird das Problem, Wahrheitswerte zu bestimmen, in der Arithmetik erster Stufe unentscheidbar! Auch alle Zeit der Welt würde also nichts helfen.[19] Wir wollen nicht zu schwarz malen, doch wenn wir die Möglichkeiten aller dieser Logiken vereinen und mit den normalen Operationen wie Addition und Multiplikation sowohl über natürliche Zahlen als auch über Mengen natürlicher Zahlen reden dürfen, so erhalten wir die **Arithmetik zweiter Stufe**, die sogar *hochgradig unentscheidbar* ist.[20]

Folgende Tabelle faßt den den Status der vier Logiken zusammen:

Logischer Formalismus	spricht über	Zeitkomplexität
Presburger-Arithmetik	natürliche Zahlen mit +	undurchführbar (doppelt exponentiell)
WS1S	Zahlenmengen mit +	hochgradig undurchführbar
Arithmetik erster Stufe	natürliche Zahlen mit + und ×	unentscheidbar
Arithmetik zweiter Stufe	Zahlenmengen mit + und ×	hochgradig unentscheidbar

---

[19] K. Gödel „Über formal unentscheidbare Sätze der Principia Mathematica und verwandter Systeme I", *Monatshefte für Mathematik und Physik* **38** (1931), S. 173–198.

[20] S. C. Kleene „Recursive Predicates and Quantifiers", *Trans. Amer. Math. Soc.* **53** (1943), S. 41–73.

Zu wenig Speicherplatz

Im Laufe des Kapitels haben wir uns auf die zeitliche Leistung konzentriert, und wir werden dies auch im nächsten Kapitel tun. Doch zuvor müssen wir einen Augenblick lang über unzumutbaren Speicherplatzverbrauch nachdenken. Es gibt algorithmische Probleme, welche beweisbare untere Schranken für einen exponentiellen Speicherbedarf besitzen. Jeder Lösungsalgorithmus wird also ungefähr 2^N Speicherzellen für gewisse Eingaben der Größe N benötigen.

Dies kann schwindelerregende Folgen haben. Wenn ein Computer ein Problem lösen sollte, dessen untere Speicherplatzschranke bei 2^N liegt (und selbst wenn wir einen speziellen Computer nur für dieses Problem bauen würden), so gäbe es Eingaben von eher bescheidener Größe – weniger als 270, um genau zu sein –, die so viel Platz für die Zwischenrechnungen beanspruchten, daß das ganze bekannte Universum die Maschine nicht beherbergen könnte, selbst wenn jedes Bit nur so groß wie ein *Proton* wäre!

Solch inakzeptabler Ressourcenbedarf ist kein Witz. In solchen Fällen können Sie einfach nichts tun, ungeachtet von Geld oder Hirn, Macht oder Geduld, Abstammung, Hautfarbe, Alter oder Geschlecht. Diese Probleme sind wirklich katastrophal, in Theorie *und* in Praxis.

4 Manchmal wissen wir es nicht

Haben Sie jemals versucht, einen Stundenplan aufzustellen und dabei Unterrichtsfächer, Zeitvorgaben und Klassenräume auf Lehrer und Ausbilder mit allen möglichen Einschränkungen abzustimmen? Sind Sie jemals ein richtig schweres Puzzle mit vielen ähnlichen Teilen angegangen? Mußten Sie jemals sperrige Gegenstände verschiedener Größe und Form in vorgegebene Kisten packen, und nichts durfte übrig bleiben?

Dies sind zugegebenermaßen schwere Aufgaben. Wenn wir uns an ihnen versuchen, treffen wir üblicherweise eine lokale Entscheidung nach der anderen. Das führt oft zu einem toten Ende. Wenn dies passiert, kehren wir ein Stück um, nehmen also eine der letzten Entscheidungen zurück (engl. *backtrack*) und versuchen stattdessen etwas anderes. Dann kommen wir etwas weiter, müssen wohl wieder etwas zurücknehmen, vielleicht sogar mehr als zuvor, und so weiter. Dieser ganze Prozeß kann sehr, sehr lange dauern.

Die obigen Beispiele gehören zu einer reichhaltigen und mannigfaltigen Klasse von Problemen, von denen viele bedeutende Anwendungen haben. Herauszufinden, wie schwierig sie wirklich sind – insbesondere, ob sie durchführbar sind oder nicht –, ist ein weithin offenes Problem und eine der tiefsten und wichtigsten ungelösten Fragen der Informatik.

Das Affenpuzzle

Beginnen wir mit einem farbenvollen Beispiel, das dem Dominoproblem aus Kapitel 2 ähnelt. Ein **Affenpuzzle** besteht aus neun quadratischen Karten, von denen jede der vier Seiten die obere oder die untere Hälfte eines farbigen Affen zeigt. Ziel des Spiels ist es, mit den Karten ein 3 × 3-Quadrat zu legen, bei dem an jeder Schnitt-

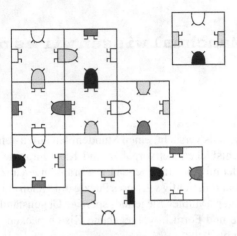

Abb. 4.1. Das Affenpuzzle

stelle ein vollständiger und einfarbiger Affe entsteht (siehe Abbildung 4.1).

Wir haben also wieder ein Geduldsspiel; aber es geht uns ja nicht ums Spielen, sondern um das allgemeine algorithmische Problem, von dem das 3×3-Affenpuzzle nur ein kleines Beispiel darstellt. Das allgemeine Problem verlangt als Eingabe die Beschreibung von N Karten, wobei N eine Quadratzahl ist. Als Ausgabe erhalten wir eine quadratische Anordnung dieser Karten, bei der Farben und Figuren zusammenpassen. Abbildung 4.1 zeigt eine Instanz für $N = 9$.[1] Wir wollen uns allerdings nur um die einfacher aussehende Ja-/Nein-Version kümmern, die lediglich danach fragt, ob solch eine Anordnung existiert, ohne daß sie konkret angegeben werden muß.

Man denkt sofort an eine naive Lösungsmöglichkeit: Da jede Eingabe nur eine endliche Anzahl von Karten betrifft und es nur endlich viele Positionen für sie gibt, kann man die Karten auch nur

---

[1] Im Gegensatz zum Domino-Problem, wo die Eingabe aus Fliesen*typen* bestand und bei einer Kachelung beliebig viele Exemplare jeden Typs benutzt werden durften, haben wir es hier mit einer festen Menge gegebener Karten zu tun, die alle benutzt werden müssen.

in endlich vielen Möglichkeiten zu einem Quadrat legen. Und da es einfach zu testen ist, ob eine Anordnung die Bedingungen an Farbe und Form erfüllt, kann man einen Algorithmus entwerfen, der sich durch *alle möglichen* Anordnungen durcharbeitet. Dabei wird jede Anordnung geprüft. Sobald eine vorliegende Anordnung zulässig ist (also Farben und Affenhälften passen), hält er mit der Ausgabe „ja" an. Falls alle möglichen Anordnungen durchgegangen sind und keine als zulässig erkannt wurde, hält der Algorithmus mit der Ausgabe „nein" an.

Was passiert nun, wenn die Eingabe ein wenig größer als 3×3 ist? Sei etwa $N = 25$; wir sehen uns also 5×5-Anordnungen an. Wieviele mögliche Anordnungen gibt es hierfür? Wenn wir in der linken unteren Ecke anfangen, so gibt es 25 Möglichkeiten, die erste Karte auszuwählen. Zusätzlich kann die gewählte Karte in vier verschiedenen Weisen ausgerichtet werden. Dies ergibt also 100 Möglichkeiten für den ersten „Zug". Es bleiben 24 Karten, von denen jede auf die zweite Position in ebenfalls vier Richtungen gesetzt werden kann, was 96 Möglichkeiten für den zweiten Zug ergibt. Da wir für jeden Zug auch jede Möglichkeit für den nächsten Zug in Betracht zu ziehen haben, müssen wir diese beiden Zahlen *multiplizieren*, um die Gesamtzahl an 9 600 Möglichkeiten für die ersten beiden Züge zu erhalten. Mit der gleichen Überlegung kann der dritte Zug auf $23 \cdot 4 = 92$ verschiedene Arten ausgeführt werden, was durch Multiplikation mit 9 600 zu 873 200 Möglichkeiten für die ersten drei Züge führt. Wenn wir so weiter rechnen, erhalten wir als Gesamtanzahl möglicher Anordnungen der 25 Karten als 5×5-Quadrat genau

$$(25 \cdot 4) \cdot (24 \cdot 4) \cdot (23 \cdot 4) \cdot \ldots \cdot (3 \cdot 4) \cdot (2 \cdot 4) \cdot (1 \cdot 4),$$

eine Zahl, die man auch als $25! \cdot 4^{25}$ schreiben kann. Und unser naiver Algorithmus muß im ungünstigsten Fall alle diese Möglichkeiten durchgehen, eine nach der anderen.

Wir wollen jetzt nicht die in Kapitel 2 beschriebenen allgemeinen Eigenschaften der Exponentialfunktion wiederholen, aber wir sollten uns noch einmal klarmachen, was dies bedeutet: $25! \cdot 4^{25}$ ist so erstaunlich groß, daß selbst ein Computer, der eine Million Anordnungen pro Sekunde testen kann (einschließlich der ganzen nötigen „Buchführung"), im ungünstigsten Fall noch *über 533 Quadrillionen Jahre* bräuchte, um ein einzelnes Beispiel des Affenpuzzles mit 25 Karten zu lösen! Und denken Sie daran, daß der Urknall gerade mal 12 bis 15 Milliarden Jahre her ist ...

Für den allgemeinen Fall mit N Karten ist die *Worst-Case*-Laufzeit dieses naiven Algorithmus also proportional zu $N! \cdot 4^N$, dem Produkt zweier unangenehmer exponentieller Funktionen. Freilich kann man den Algorithmus geschickter einrichten, aber selbst die bislang raffinierteste Version ist nicht viel besser.[2]

Ist damit nun alles gesagt? Ist das Problem tatsächlich undurchführbar oder gibt es doch eine trickreiche Lösung in Polynomialzeit? Leider weiß niemand die Antwort darauf. Diese Frage ist offen.

NP-vollständige Probleme

Das Affenpuzzle mag zwar amüsant sein, aber vielleicht ist es weiterer Erörterung gar nicht Wert. Schließlich ist es nur ein Spiel – oder?

Keineswegs! In Wirklichkeit ist es eines von vielen Hunderten[3] unglaublich verschiedener algorithmischer Probleme, die alle ge-

---

[2] Geschickter ist es, in der zu Beginn angedeuteten Art des *backtracking* vorzugehen: Man beginnt mit einer Karte in der linken unteren Ecke und versucht nun, eine Karte zu finden, die darüber paßt; dann eine, die rechts daran paßt und so weiter. Jedesmal, wenn keine der übriggebliebenen Karten mehr paßt, geht man einen Schritt zurück, indem man die zuletzt gelegte Karte wieder wegnimmt und eine andere an ihrer Stelle probiert. Dadurch vermeidet man es, Erweiterungen von teilweisen Anordnungen zu betrachten, die bereits den Regeln widersprechen. Oft wird dadurch die Anzahl der zu betrachtenden Fälle drastisch reduziert. Im schlimmsten Fall aber muß man auch bei dieser Vorgehensweise fast sämtliche Anordnungen durchgehen. Vergleichbares gilt, falls wir Symmetriebetrachtungen anstellen oder ähnliche Tricks anwenden, um Zeit zu sparen. Die Anzahl der zu betrachtenden Möglichkeiten wird zwar kleiner, im ungünstigsten Fall aber nur unerheblich kleiner.

[3] Es sind sogar mehrere Tausend, wenn man etwas großzügiger gewisse Varianten als verschiedene Probleme zählt.

nau die gleichen Phänomene aufweisen. Dazu gehören auch die zu Beginn des Kapitels erwähnten Probleme. Sie sind alle entscheidbar, aber man weiß nicht, ob sie durchführbar sind. Sie besitzen Lösungen in exponentieller Zeit, aber für keines von ihnen wurde je ein Polynomialzeit-Algorithmus gefunden. Und niemand konnte bislang beweisen, daß sie *super*polynomiale Zeit benötigen. Tatsächlich kennt man bei vielen nur quadratische oder gar lineare Zeit als untere Schranke. Es ist vorstellbar (allerdings unwahrscheinlich), daß es für diese Probleme sehr effiziente Algorithmen gibt. Wir kennen also nicht die ihnen innewohnende optimale Lösung und stehen einer beunruhigenden Komplexitätslücke gegenüber. Diese Probleme werden **NP-vollständig** genannt, aus später zu erklärenden Gründen.

Die Komplexitätslücke bei NP-vollständigen Problemen ist riesig. Die bekannten unteren Schranken sind vernünftig; wenn wir also dazu passende obere Schranken fänden, könnte man diese Probleme schön und effizient lösen. Aber die besten oberen Schranken, die man kennt, sind verheerend! Es geht nicht darum, ob die Laufzeit bei N oder $N \cdot \log_2 N$ oder N^3 liegt, oder ob wir für eine Suche 20mal oder eine Million Mal vergleichen müssen. Vielmehr geht es im Grunde um die Frage, ob wir jemals hoffen können, diese Probleme wirklich zu lösen, oder nicht – selbst wenn wir über die leistungsfähigsten Computer, die allerbeste Software und die begabtesten Programmierer verfügen.

Sind diese Probleme gut oder schlecht? Wir wissen nicht, wo sich die NP-vollständigen Probleme in der Sphäre aus Abbildung 3.3 ansiedeln, denn ihre bekannten unteren und oberen Schranken liegen auf verschiedenen Seiten der Trennlinie zwischen dem Durchführbaren und dem Undurchführbaren. Die Frage, wo sich diese Probleme tatsächlich aufhalten, ist als das **P=NP-Problem**[*] berühmt. Dieses hat sich in den 70er Jahren aus Arbeiten von Steven Cook, Leonid Levin und Richard Karp herauskristallisiert. Obwohl seit fast

---

[*] oder P-versus-NP-Problem, oder P-NP-Problem. *Anm. des Übers.*

30 Jahren einige der besten Informatiker intensiv daran gearbeitet haben, ist diese Frage immer noch offen.[4]

NP-vollständige Probleme werden durch zwei weitere Eigenschaften charakterisiert, welche sie noch bemerkenswerter machen. Eine davon ist ziemlich erstaunlich. Doch bevor wir darauf eingehen, wollen wir uns einige weitere Beispiele anschauen.

Es wimmelt nur so von NP-vollständigen Problemen in vielen wissenschaftlichen Gebieten, z. B. in Kombinatorik, *Operations Research*, Wirtschaftswissenschaften, Graphentheorie, Spieltheorie, Logik. Sie kommen auch in vielen alltäglichen Anwendungen vor: in der Telekommunikation und im Bankgeschäft, bei der Stadtplanung und beim Entwurf integrierter Schaltkreise. Da es von grundlegender Wichtigkeit ist, Durchführbares von Undurchführbarem zu trennen, hat das P=NP-Problem eine Bedeutung sondergleichen in der Welt der Informatik erlangt.

Kürzeste Wege finden

Bei zweien der Musterprobleme aus Kapitel 1 geht es darum, Wege in Straßenkarten zu finden. Problem 6 fragt nach dem kürzesten Weg zwischen zwei Städten A und B, und das Entscheidungsproblem Nr. 7 fragt danach, ob es eine Rundreise durch alle Städte gibt, die kürzer als eine erlaubte Obergrenze ist.

Um sie besser vergleichen zu können, werden wir sie etwas verändern. Wir verwandeln das erste in ein Entscheidungsproblem,

---

[4] S. A. Cook „The Complexity of Theorem Proving Procedures", *Proc. 3rd ACM Symp. on Theory of Computing*, ACM, New York 1971, S. 151–158; L. A. Levin „Universal Search Problems", *Problemy Peredači Informacii* 9 (1973), S. 115–116 (auf russisch), englische Übersetzung in *Problems of Information Transmission* 9 (1973), S. 265–266; R. M. Karp „Reducibility Among Combinatorial Problems", in: R. E. Miller, J. W. Thatcher (Hrsg.) *Complexity of Computer Computations* Plenum Press, New York 1972, S. 85–104.

Siehe auch M. R. Garey, D. S. Johnson *Computers and Intractability: A Guide to NP-Completeness*, W. H. Freeman & Co., San Francisco CA 1979.

damit es dem anderen ähnlicher ist, und wir fügen die beiden Städte
A und B dem zweiten hinzu, um es dem ersten ähnlicher zu machen.

Problem 6′
Eingabe: Eine Straßenkarte mit Entfernungsangaben an Straßen-
abschnitten, zwei Städte A und B auf der Karte sowie eine Zahl
K.
Ausgabe: „Ja", falls es eine Verbindung von A nach B gibt, die
weniger als K Kilometer lang ist; „nein", falls es keine solche
Verbindung gibt.

Problem 7′
Eingabe: Eine Straßenkarte mit Entfernungsangaben an Straßen-
abschnitten, zwei Städte A und B auf der Karte sowie eine Zahl
K.
Ausgabe: „Ja", falls es eine Verbindung von A nach B gibt, die
durch alle auf der Karte verzeichneten Städte geht und weniger als
K Kilometer lang ist; „nein", falls eine solche Reise unmöglich
ist.

Jetzt haben beide Probleme dieselbe Eingabe, und auch die beiden
Fragen sind sich sehr ähnlich: In beiden Fällen wollen wir wissen,
ob es eine gewisse Art von kurzer Verbindung zwischen A und B
gibt (und als Ausgabe wollen wir lediglich „ja" oder „nein"), wobei Problem 7′ zusätzlich verlangt, daß dabei alle Städte besucht
werden. Problem 7′ wird oft das **Problem des Handlungsreisenden** genannt. Abbildung 4.2 illustriert dieses Problem: Sie enthält
eine Straßenkarte mit 7 Städten, in der die kürzeste Reise von A
nach B und durch alle Städte 28 km lang ist. Als Antwort sollte
also „ja" erfolgen, falls die Schranke beispielsweise bei 30 oder 28
liegt, und „nein", falls sie bei 27 oder 25 liegt. Problem 6′ ist die
Ja-/Nein-Version des **Problems der kürzesten Wege**. Hätten wir
Abbildung 4.2 als Eingabe dafür genommen, so wäre die Antwort
auch für die Schranke 25 „ja", denn es ist einfach, einen kürzeren
Weg zwischen A und B zu finden, der allerdings nicht durch alle
anderen Städte geht.

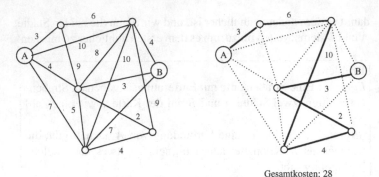

Gesamtkosten: 28

Abb. 4.2. Das Problem des Handlungsreisenden (nicht maßstabgerecht)

Diese Beispiele sind keine Spielerei, und in keinem muß es um Straßenkarten oder Städte gehen. Beide tauchen in vielfältigen Anwendungen auf: wenn Kommunikationssysteme und Schaltkreise entworfen, Fließbänder und Fabriken geplant oder Industrieroboter programmiert werden, um nur ein paar Beispiele zu nennen. Kürzeste Wege sind entscheidend, wenn es tatsächlich darum geht, von einem Ort zum andern zu kommen, aber auch bei Telefonverbindungen und bei der Übertragung von Datenpaketen in Netzwerken. Das Problem des Handlungsreisenden ist beim Zeitungsvertrieb wichtig, aber es taucht auch im industriellen Rahmen auf. Angenommen, wir arbeiten in der Herstellung integrierter Schaltkreise und sollen eine große Zahl Platinen vorbereiten. Dazu muß unter anderem eine automatisierte Bohrmaschine so programmiert werden, daß sie an 200 festgelegten Stellen Löcher bohrt. Da dies viele Male hintereinander geschieht, wieder und wieder, wäre es nützlich, wenn wir für die Bohrmaschine einen optimalen Bewegungsablauf bestimmen könnten, der von einem Punkte anfangend alle anderen durchläuft. (Oder, als Entscheidungsproblem, wenn wir wenigstens herausfinden könnten, ob es innerhalb gewisser Schranken an Zeit oder Entfernung möglich ist.)

Welches der beiden Probleme 6' oder 7' ist komplizierter? Oder sind sie ungefähr von der gleichen Komplexität? Wenn man sich alle möglichen Verbindungen anschaut, scheint das Kürzeste-Wege-

Problem 6' mehr Arbeit zu bedeuten. Denn man muß zunächst einmal sämtliche Verbindungen von *A* nach *B* betrachten; beim Problem des Handlungsreisenden 7' dagegen nur diejenigen, welche durch alle Städte gehen, also bedeutend weniger. In Wahrheit beleuchtet dies nur einmal mehr, daß einfache Intuitionen trügen: Für das Kürzeste-Wege-Problem gibt es nämlich einen schnellen Algorithmus (in quadratischer Zeit), wohingegen das Problem des Handlungsreisenden NP-vollständig ist.

Erinnern Sie sich daran, was dies bedeutet: Das Problem des Handlungsreisenden ist zwar lösbar, doch die bekannten Algorithmen dafür sind nutzlos langsam (der naheliegendste durchläuft einfach sämtliche Routen; bei *N* Städten sind dies ungefähr *N*! viele). Selbst die besten Algorithmen für das Problem des Handlungsreisenden sind so schlecht, daß sie im ungünstigsten Fall bereits bei Karten mit 150 oder 200 Städten hoffnungslos langsam sind. Und während 150 Städte für einen wirklichen Handlungsreisenden (oder eine Handlungsreisende) mit einem Koffer voller Kleinteile zwar nach einer großen Zahl klingen mag, ist sie für einige Anwendungen des Problems äußerst bescheiden.

Aufgrund der NP-Vollständigkeit ist das Problem des Handlungsreisenden also in der Praxis nicht lösbar – zumindest bei unserem derzeitigen Wissensstand nicht.

Planen und Packen

Viele NP-vollständige Probleme betreffen in der ein oder anderen Weise *scheduling* (planen) oder *matching* (etwa: passend machen). Das oben erwähnte **Stundenplanproblem** ist ein Beispiel für *scheduling*. Angenommen, wir versuchen ein neues Schuljahr für ein Gymnasium zu planen. Angenommen ferner, wir wissen, wann welcher Lehrer verfügbar ist, wieviele Stunden für jede Klasse geplant sind und wieviele Stunden (möglicherweise null) jeder Lehrer in jeder Klasse zu unterrichten hat. Ein zufriedenstellender Stundenplan ordnet Lehrer, Klassen und Stunden einander zu, in einer allen Bedingungen genügenden Weise und so, daß nicht zwei Lehrer dieselbe Klasse zur gleichen Zeit unterrichten und nicht zwei Klassen vom selben Lehrer zur gleichen Zeit unterrichtet werden.

Wir müssen nicht einmal andere Einschränkungen wie Klassen-
raumgröße oder Fähigkeiten der Schüler einbeziehen: Die Schwierigkeit ist bereits groß genug, denn das Stundenplanproblem ist
NP-vollständig. Ebenso seine Version als Entscheidungsproblem,
die nur danach fragt, ob es einen Stundenplan gibt, ohne daß er ex-
plizit angegeben werden muß.

Natürlich kann man dieses Problem auf viel mehr als nur auf
Stundenpläne anwenden. Lehrer, Zeitvorgaben und Klassen können
durch Piloten, Flugzeuge und Missionen ersetzt werden, oder durch
Geheimagenten, Motorräder und Ganoven, durch Autos, Hebebüh-
nen und Serviceleistungen oder durch Anforderungen an einen Computer, Prozessoren und Unterprogramme im Betriebssystem.

Soviel zu Stundenplänen und ähnlichen Problemen. Auch viele
Matching-Probleme sind NP-vollständig. Hier geht es beispielsweise darum, Gegenstände in Kisten oder Lastwagen zu packen (das
Kofferraumproblem*), oder Studenten so auf Schlafräume aufzutei-
len, daß gewisse Kapazitäten nicht überschritten werden.

Es ist nicht schwierig, exponentielle Algorithmen für Stunden-
plan- und *Matching*-Probleme aufzustellen. Es gibt exponentiell
viele mögliche Lösungskandidaten, die in einem Algorithmus sorgfältig geprüft werden können. Zum Beispiel kann man alle Möglichkeiten auflisten, wie Lehrer mit Stunden und Klassen kombiniert
werden können, und diese dann durchgehen. Oder alle Möglichkeiten, bestimmte Gegenstände in Kisten zu packen. Doch wieder sind
diese naiven Algorithmen hoffnungslos zeitfressend, selbst für mäßig
große Eingaben, weil es einfach *zu viele* Möglichkeiten gibt. Und
die NP-Vollständigkeit bedeutet auch hier, daß bis heute niemand in
der Lage war, einen wesentlich besseren Lösungsweg zu entdecken.

Die Aussage, daß keine gute Lösung für das Stundenplanproblem gefunden worden ist, wird oft mit einem Stirnrunzeln bedacht,
gibt es doch viel benutzte Softwarepakete für diese Art von Problemen. Und man hört keine Klagen, daß die Datenverarbeitung bei den
heimischen Haupt- oder Realschulen Millionen von Jahren dauern
würde. Was ist da los?

---

* Engl. oft *bin-packing* genannt, „Kisten-Packen". *Anm. des Übers.*

Nun, diese „Lösungen" bilden Kompromisse. So überraschend es für ihre Nutzer klingen mag: Es gibt keine Garantie, daß sie in guter (d. h. polynomialer) Zeit arbeiten *und* für jede mögliche Eingabesituation die richtige Antwort liefern. Es wird immer Eingaben geben – eventuell ein wenig an den Haaren herbeigezogene –, für welche die Software entweder weit mehr Zeit braucht, als wir zur Verfügung haben, oder (was üblicher ist) sie wird Möglichkeiten übersehen und behaupten, gewisse Anforderungen könnten nicht erfüllt werden, obwohl es in Wahrheit geht. Typischerweise könnte solch ein Programm eine allen Bedingungen genügende Zusammenstellung von Piloten, Flugzeugen und Missionen verpassen und würde dann nach zusätzlichen Tornados oder Piloten fragen, obwohl es in Wirklichkeit auch so ginge. Solche Programme sind äußerst hilfreich und berechnen häufig zufriedenstellende Stundenpläne und Zusammenstellungen. In unserem puristischen Rahmen jedoch, in dem wir von Algorithmen verlangen, daß sie immer absolut korrekt arbeiten und immer nach polynomialer Zeit mit der richtigen Lösung anhalten, bleiben das Stundenplanproblem, das Kofferraumproblem und ihre Freunde ungelöst.

Dessen ungeachtet gibt es viele ähnlich aussehende Planungs- und Packprobleme, die *durchführbar* sind. Falls wir zum Beispiel nur zwei Arten von Objekten in einem Stundenplan zusammenbringen müssen – etwa Lehrer und Stunden in nur einer zu unterrichtenden Klasse, oder Stunden und Klassen für einen bestimmten Lehrer –, so gibt es gute Lösungen.

Mehr über Spiele

Zurück zu den Spielen! Viele der reizvollsten NP-vollständigen Probleme gründen auf zweidimensionalen Zusammenstellungen wie beim Affenpuzzle. Früher haben Fluggesellschaften kleine Beutel mit einer Anzahl irregulär geformter Teile ausgeteilt, die man zu einem Rechteck zusammenlegen sollte (siehe Abbildung 4.3). Man kann so etwas vielerorts kaufen, zum Beispiel in den Geschenkläden von Wissenschaftsmuseen. Das allgemeine Entscheidungsproblem, ob N solcher Teile tatsächlich zu einem Rechteck gelegt werden können, ist ebenfalls NP-vollständig.

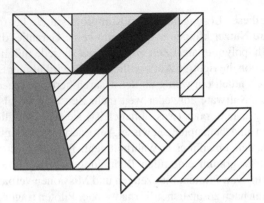

Abb. 4.3. Ein Spiel der Fluggesellschaften

Betrachten wir nun Puzzle-Spiele. Es kann sehr mühsam sein, sich hinzusetzen und ein normales Puzzle, dem ein vielfältiges Motiv zugrunde liegt, von Hand zusammenzubauen, doch vom algorithmischen Standpunkt aus ist es nicht schwierig. In jedem Schritt braucht man nur die noch nicht verbrauchten Teile durchzugehen und das einzig passende zu finden. Daß ein Teil nicht paßt, sieht man entweder sofort oder stellt es spätestens fest, wenn man es hineinzwängen will. Wichtig ist, daß man später nichts zurückzunehmen braucht. Ein Segen, der sich in einem vollkommen vernünftigen Algorithmus in quadratischer Zeit niederschlägt.[5]

---

[5] Wieso quadratische Zeit? Wenn wir ein Puzzle mit N Teilen in einer gewissen Ordnung durcharbeiten, etwa von links unten anfangend, so gibt es (von Randstücken einmal abgesehen) N Möglichkeiten, das erste Teil zu finden, und vier, es zu drehen. Für das zweite Teil bleiben $N-1$ Möglichkeiten und vier Richtungen, für das dritte Teil $N-2$ usw. Weil man nie zurückzugehen braucht, kann man die $4N$ Möglichkeiten für das erste Teil durchgehen, findet das einzig passende, und damit ist dieser Schritt beendet. Dann geht man die $4(N-1)$ Möglichkeiten für den zweiten Zug durch, findet das einzig passende Teil, und damit ist auch dieser beendet. Und so weiter. Die Gesamtanzahl an Schritten ist daher die *Summe* (nicht das Produkt) von $4N$, $4(N-1)$, und so weiter, was $2N(N+1)$, also ungefähr $2N^2$ ergibt.

Soviel zum normalen, „gutartigen" Puzzle mit vielfältigem Motiv, wo man jedesmal nach dem einzigen passenden Teil sucht, es findet, einbaut und zum nächsten weitergeht. Wer jedoch jemals an einem Puzzle mit großen Himmels- oder Seemotiven gearbeitet hat, der weiß, daß es nicht so einfach ist. Abgesehen von der Verwirrung durch die gleichartig aussehenden Bereiche, könnten die Puzzleteile so geschnitten sein, daß mehrere an einer Stelle passen. Dann entdeckt man einen Fehler vielleicht erst nach einigen weiteren Schritten und man muß viele Teile „zurückbauen". Diese Notwendigkeit führt zu den verheerend zeitraubenden exponentiellen Algorithmen.

Das allgemeine Puzzle-Problem, das alle möglichen Puzzles als Eingabe bewältigen können muß, auch die wirklich komplizierten, ist ebenfalls NP-vollständig. Also sind die folgenden drei Probleme im wesentlichen gleichwertig: allgemeine Puzzles, die Zusammenlegspiele der Fluggesellschaften und das Affenpuzzle. Später werden wir sehen, daß *alle* NP-vollständigen Probleme irgendwie gleich sind, nicht nur die puzzleartigen.

Netze färben

In einem anderen NP-vollständigen Problem geht es darum, Netze zu färben. Lassen Sie sich von der spielerischen Natur des Problems nicht täuschen: Es steckt hinter vielen wichtigen Anwendungen. Außerdem werden wir in Kapitel 6 seine NP-Vollständigkeit umdrehen und uns die trüben Aussichten auf seine Durchführbarkeit zunutze machen.

Die Eingabe besteht aus einem Netz aus Punkten und verbindenden Linien, ähnlich wie die Straßenkarte für das Problem des Handlungsreisenden, aber ohne Entfernungsangaben. Jeder Punkt (bzw. jede Stadt) muß eingefärbt werden und zwar so, daß benachbarte Städte nicht die gleiche Farbe erhalten. Benachbart sind Städte dann, wenn sie durch eine direkte Linie verbunden sind. Das Problem fragt nun nach der kleinsten Anzahl an Farben, die man benötigt, um das Netz so zu färben. In der Ja-/Nein-Version erhalten wir in der Eingabe zusätzlich eine Zahl K und müssen nur entscheiden, ob es eine K-*Färbung* des Eingabenetzes gibt, d. h. ob es mit höchstens K Farben gefärbt werden kann.

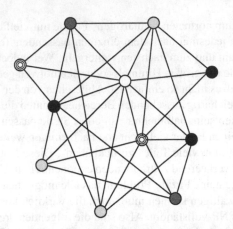

Abb. 4.4. 5-Färbung eines Netzes

Abbildung 4.4 zeigt ein Beispiel mit einer zugelassenen 5-Färbung (Schattierungen und Symbole beschreiben die Farben). Dieses Netz kann nicht mit weniger Farben gefärbt werden. Für $K = 5$ oder für größeres K sollte die Antwort auf das Entscheidungsproblem „ja" lauten, und „nein" für $K = 4$ oder weniger.

Dieses Problem ist NP-vollständig, auch in der Ja-/Nein-Form, sobald K mindestens 3 beträgt. Sie können es also schon bei drei Farben vergessen, für Eingabenetze aus zum Beispiel 200 Punkten entscheiden zu wollen, ob man sie damit färben kann oder nicht.[6]

---

[6] Dieses Problem erinnert an das berühmte 4-Farben-Problem, unterscheidet sich aber auf subtile Weise. Das 4-Farben-Problem wurde 1852 formuliert und galt als eines der interessantesten Probleme in der gesamten Mathematik. Es blieb über 120 Jahre lang ungelöst und wurde schließlich 1976 entschieden. Siehe K. I. Appel, W. Haken „Every Planar Map is Four Colorable", *Bull. Amer. Math. Soc.* **82** (1976), S. 711–712; T. L. Saaty, P. C. Kainen *The Four Color Problem: Assaults and Conquest*, Dover Publishers, New York 1986.

Bei diesem mathematischen Problem geht es darum, Landkarten so zu färben, wie man sie in einem Atlas findet: Jedes Land erhält eine Farbe, dabei müssen Länder mit einer gemeinsamen Grenze verschiedene Farben erhalten. Die Frage war, ob vier Farben ausreichen, um *jede*

Magische Münzen

Jetzt wollen wir, wie schon angedeutet, die beiden weiteren Eigenschaften NP-vollständiger Probleme besprechen. Bei der ersten geht es um Überzeugung und Magie. Vorhang auf ...

Wir wissen, daß es anscheinend sehr, sehr schwer herauszufinden ist, ob ein NP-vollständiges Problem für eine Eingabe „ja" oder „nein" liefern wird. Aber angenommen, Sie wissen, daß die Ausgabe „ja" sein muß, und wollen einen anderen davon überzeugen. Dann gibt es erstaunlicherweise einen einfachen Weg dafür. Bei einem NP-vollständigen Problem hat jede Eingabe nämlich einen sogenannten **Zeugen** (*certificate, witness*). Falls die Antwort auf diese Eingabe „ja" lautet, so legt solch ein Zeuge völlig offensichtlich dar, daß sie „ja" lautet. Außerdem sind diese Zeugen *kurz*, das heißt von polynomialer Länge in der entsprechenden Eingabengröße. Daher kann die zu überzeugende Person sie in einer angemessenen Zeit überprüfen.

Zum Beispiel ist es bekanntermaßen schwierig festzustellen, ob eine Straßenkarte eine „Handlungsreise" zuläßt, die kürzer als eine gegebene Kilometerngrenze ist. Falls andererseits eine solche Tour existiert (und man sie kennt), so kann sie wie in Abbildung 4.2 offengelegt werden. Wer daran zweifelt, kann nun leicht nachprüfen,

---

Landkarte zu färben. Zunächst sieht es so aus, als könne man immer verschachteltere Karten zeichnen, die immer mehr Farben benötigen, so wie man es bei den Netzen tun kann. Dies geht aber nicht, da Länder in einer zweidimensionalen Welt leben und nicht über- und untereinander kriechen können. Tatsächlich wurde 1976 festgestellt, daß vier Farben stets reichen.

Wie hängt dies mit Algorithmik zusammen? Da wir nun wissen, daß jede Landkarte mit vier Farben gefärbt werden kann, ist das *algorithmische Problem*, ob eine Eingabelandkarte 4-färbbar ist, trivial: Man gibt einfach für jede Eingabe „ja" aus – nicht sonderlich interessant. Für zwei Farben ist es möglich zu zeigen, daß eine Karte genau dann 2-färbbar ist, wenn es keinen Punkt gibt, an dem eine ungerade Anzahl an Ländern aufeinanderstoßen. Diese Eigenschaft ist einfach nachzuprüfen und daher algorithmisch ebenfalls wenig interessant. Mit drei Farben allerdings wird es spannend: Das Problem, ob eine Landkarte mit drei Farben gefärbt werden kann, ist NP-vollständig.

daß sie tatsächlich die Bedingungen erfüllt. Sie dient also ganz ausgezeichnet als Zeuge für die Antwort „ja". Genauso geht es bei
dem Stundenplanproblem: Obgleich es unglaublich schwierig ist,
alle Bedingungen an Lehrer, Stunden und Klassen zu erfüllen, ist es
doch einfach, jemanden davon zu überzeugen, *daß* es geht (sofern es
geht und Sie wissen wie). Legen Sie einfach einen Stundenplan vor.
Dann kann man in polynomialer Zeit nachprüfen, daß die Bedingungen erfüllt sind und die Antwort „ja" gerechtfertigt ist. Ebenso ist
es beim Affenpuzzle: Eine zulässige Anordnung der Karten liefert
einen leicht nachprüfbaren Zeugen dafür, daß die Antwort für eine
bestimmte Eingabe „ja" lautet.

Herauszufinden, *ob* ein NP-vollständiges Problem „ja" zu einer
Eingabe sagt, ist also sehr schwer, aber dieses „ja" zu beglaubigen,
wenn es stimmt, ist leicht. Herauszufinden, daß eine Eingabe „ja" liefert, kann als eine zweiteilige Aufgabe angesehen werden: Zunächst
gilt es, einen Kandidaten für einen Zeugen zu finden; dann zu prüfen,
daß er tatsächlich einer ist. Zu prüfen ist leicht, den Zeugen zu finden
dagegen problematisch.

Mit Zauberei können wir das erklären. Versuchen wir die naive
Methode, ein NP-vollständiges Problem zu lösen, indem wir alle
Möglichkeiten ausprobieren und wieder zurückgehen, wenn wir
steckenbleiben. Doch nehmen wir an, als Hilfe hätten wir eine besondere magische Münze. Sobald eine teilweise Lösung in mehr
als einer Weise erweitert werden kann (zum Beispiel im Affenpuzzle, wenn wir mehrere Karten an einer Stelle anlegen können;
oder wenn der Handlungsreisende in verschiedene Richtungen wei-
terreisen kann), dann werfen wir die Münze und wählen dem Ergebnis gemäß.[7] Die Münze fällt aber nicht zufällig, sondern besitzt
magische Kenntnisse, die stets zur besten Möglichkeit führen. Falls
eine der Möglichkeiten zum „ja" führt, also zu einer vollständigen
guten Lösung, dann zeigt die magische Münze diesen Weg auf. Falls
alle zu einem „ja" führen oder alle zu einem „nein", dann funktioniert die Münze ganz normal nach dem Zufallsprinzip, denn es
spielt keine Rolle, welchen Weg wir einschlagen. Der Fachausdruck
für diese Art Magie heißt **Nicht-Determinismus**. Mit ihr sind wir

---

[7] Bei mehr als zwei Möglichkeiten werfen wir die Münze mehrere Male.

nicht länger auf einen determinierten Prozeß angewiesen, um die vorhandenen Möglichkeiten durchzugehen. Wir erreichen garantiert die gewünschte „Ja"-Lösung, falls es eine gibt.

Was nun die Laufzeit betrifft, so geht das bißchen Zauberei einen langen Weg. Obwohl niemand weiß, ob die NP-vollständigen Probleme durchführbar sind, also ob sie ordentlich (ohne Zauberei) in polynomialer lösbar Zeit sind, so wissen wir doch, daß es für jedes NP-vollständige Problem einen nicht-deterministischen polynomialen Algorithmus gibt. Durch unsere Magie – zugegebenermaßen eine Fantasieressource – werden sie also alle „gut". Dies hängt übrigens eng mit der Existenz kurzer Zeugen zusammen.[8]

Wir können jetzt die rätselhafte Abkürzung „NP" in dem Ausdruck „NP-vollständig" erklären: Sie steht für nicht-deterministisch polynomial. So werden Probleme bezeichnet, die durch unseren Zaubertrick durchführbar werden.

Zusammen rauf, zusammen runter

Die letzte und vielleicht bemerkenswerteste Eigenschaft der NP-vollständigen Probleme ist ihr gemeinsames Schicksal. Entweder sind sie alle durchführbar oder keines von ihnen! Das Wort „vollständig" steht für dieses Band.

Lassen Sie uns diese Aussage verschärfen: Wenn jemand einen Polynomialzeit-Algorithmus für ein einzelnes NP-vollständiges Problem fände und so seine Durchführbarkeit aufzeigte, dann ergäben sich sofort Polynomialzeit-Algorithmen für *alle* NP-vollständigen Probleme. Und dies kann man auch umdrehen: Falls jemand eine exponentielle untere Schranke für ein *einziges* NP-vollständiges Problem bewiese und so seine Undurchführbarkeit aufzeigte, dann hätte

---

[8] Ein kurzer Zeuge kann aus dem Ablauf eines „magischen" Polynomialzeit-Algorithmus aufgelesen werden. Um ein „ja" zu beglaubigen, braucht man nur den Anweisungen der magischen Münze zu folgen und am Ende nachzuprüfen, ob sie eine vollständige und zulässige Lösung konstruiert hat. Da die Münze immer die beste Möglichkeit aussucht, können wir getrost „nein" sagen, wenn diese Lösung die Regeln verletzt. Denn die Münze hätte eine zulässige Lösung gefunden, wenn es eine gäbe.

dies unmittelbar zur Folge, daß *kein* solches Problem durchführbar wäre. Wir wissen nicht, auf welcher Seite der Durchführbar-/Undurchführbar-Trennlinie in Abbildung 3.3 die NP-vollständigen Probleme anzusiedeln sind, aber wir wissen, daß sie *alle* auf der gleichen Seite liegen.

Diese vollkommene Solidarität ist keine Vermutung, sondern ist bewiesen: Alle NP-vollständigen Probleme steigen oder fallen zusammen. Wir wissen nur nicht, welche Richtung sie nehmen. Um noch einmal den tapferen alten Herzog von York[9] zu umschreiben:

And when they are up they are up
And when they are down they are down

And since they can't be half-way up
They are either up or down *

Es ist nicht immer einfach zu erkennen, warum solch verschiedene Probleme ihr Schicksal teilen. Tatsächlich aber sind sie alle nahe Verwandte. Kreuz und quer ist ein Geflecht von **Reduktionen** zwischen den vielfältigen NP-vollständigen Problemen aufgestellt worden: Wenn jemand einen polynomialen Algorithmus für ein Problem fände, so könnte man ihn über die Reduktionen sofort in einen polynomialen Algorithmus für irgendeines der anderen Probleme verwandeln.[10] Wenn Sie zum Beispiel eine gute Lösung für das

---

[9] Siehe W. S. Baring, C. Baring-Gould *Annotated Mother Goose*, Clarkson N. Potter, New York 1962, S. 138.

* Und wenn sie oben sind, sind sie oben, und wenn sie unten sind, sind sie unten, und da sie nicht teilweise oben sein können, sind sie entweder oben oder unten.

[10] In Wirklichkeit braucht man nur zwei polynomiale Reduktionen, um zu zeigen, daß ein neu aufgetretenes Problem NP-vollständig ist: nämlich eine Reduktion des neuen Problems *auf* ein bereits als NP-vollständig bekanntes und eine Reduktion *von* solch einem Problem auf das neue. Daß es dann Reduktionen zwischen dem neuen Problem und *jedem* einzelnen NP-vollständigen Problem gibt, folgt aus der Tatsache, daß eine Kette polynomialer Reduktionen wieder polynomial ist. Damit diese Reduziererei irgendwo anfangen kann, mußte jemand für ein „erstes" Problem die NP-Vollständigkeit mit direkten Methoden nachweisen.

Affenpuzzle finden, so sind dies unmittelbar gute Nachrichten für Stundenplaner und -planerinnen, Handlungsreisende, Kofferpacker usw. Und umgekehrt: Wenn Sie es schaffen zu zeigen, daß es für das Affenpuzzle *keine* Polynomialzeit-Lösung gibt, dann können Sie all diesen Leuten sagen, daß es *tatsächlich* schlechte Nachrichten sind, was sie bislang für schlechte Nachrichten hielten. Dann würden wir nicht nur keine guten Lösungen für ihre Probleme gefunden haben, sondern wüßten mit Sicherheit, daß keine guten Lösungen zu finden sind. Das Warten und Hoffen hätte ein Ende, und die Optimisten hätten verloren. Einfach so.

Dies wurde 1971 von Steven A. Cook in „The Complexity of Theorem Proving Procedures" *Proc. 3rd ACM Symp. on Theory of Computing*, ACM, New York 1971, S. 151–158, besorgt, und etwa zur gleichen Zeit unabhängig davon durch Leonid A. Levin in „Universal Search Problems" *Problemy Peredači Informacii* **9** (1973), S. 115–116 (auf russisch), oder englisch übersetzt in *Problems of Information Transmission* **9** (1973), S. 265–266.

Sie haben bewiesen, daß es NP-vollständig ist, Wahrheitswerte in der sogenannten **Aussagenlogik** festzustellen, einem einfachen logischen Formalismus. Darin können abstrakte Aussagen (wie „E", „F" und „G" weiter unten) zu komplizierteren Aussagen zusammengebaut werden, indem man logische Verknüpfungsoperatoren wie *und*, *oder*, *nicht* und *daraus folgt* benutzt. Zum Beispiel

nicht (aus *E* folgt *F*) und (*F* oder (aus *G* folgt nicht *E*)).

Im Klartext: Es ist nicht der Fall, daß aus der Wahrheit von *E* die Wahrheit von *F* folgt, und ferner ist *F* wahr oder aus der Wahrheit von *G* folgt, daß *E* falsch ist. Das algorithmische Problem fragt nun danach, ob solch eine Aussage als Eingabe **erfüllbar** ist, d. h. ob die elementaren Symbole (hier *E*, *F* und *G*) so mit den Werten *wahr* und *falsch* belegt werden können, daß die ganze Aussage wahr wird. Der Satz von Cook und Levin wird als eines der bedeutendsten Ergebnisse in der Komplexitätstheorie angesehen.

Das große Geheimnis: Gilt P = NP?

Für die bislang besprochenen Problemklassen haben die Informatiker Fachnamen: **PTIME** oder manchmal kurz **P** steht für die Klasse der Probleme mit Polynomialzeit-Algorithmen, also derjenigen Probleme, die wir bislang gut oder durchführbar genannt haben. **NP** (ohne „-vollständig") steht für die Klasse der Probleme, für die es magische, nicht-deterministische Polynomialzeit-Algorithmen gibt. Die **NP-vollständigen** Probleme sind die „härtesten" in NP, und zwar in dem „alle-mit-einem"-Sinn: Falls eines von ihnen in P liegen sollte, dann sind alle anderen Probleme aus NP auch in P. Mit diesen Namen verkürzt sich die tiefgehende ungelöste Frage dazu, ob die Problemklasse P gleich NP ist oder nicht.

Die P=NP-Frage ist offen, seitdem sie 1971 von Cook und Levin gestellt wurde. Sie gilt als eines der schwierigsten ungelösten Probleme in der Informatik, ist aber sicherlich das faszinierendste und wichtigste. Entweder können alle diese interessanten und in Anwendungen entscheidenden Probleme gut durch Computer gelöst werden oder überhaupt keines. Außerdem braucht man nur über *eines* von ihnen Klarheit zu erlangen, um die ganze Fragestellung zu beenden. Außergewöhnliche Forschungsanstrengungen sind unternommen worden, um dieses Problem zu lösen, doch bislang ohne Erfolg. Die meisten Wissenschaftler glauben an P $\neq$ NP, also daran, daß die NP-vollständigen Probleme *undurchführbar* sind, aber niemand weiß es wirklich. Wenn jemand zeigt, daß ein Problem NP-vollständig ist, wird dies jedenfalls als gewichtiges Argument für seine vermutliche Undurchführbarkeit gewertet. Solange für viele Probleme die Beweise fehlen, daß sie tatsächlich undurchführbar sind, solange gilt der Nachweis der NP-Vollständigkeit als nächstbestes Ergebnis (oder sollten wir sagen: nächstschlimmstes?).

Von manchen Problemen wissen wir, daß sie in NP liegen, daß sie also schnelle magische Lösungen und kurze Zeugen besitzen, aber wir wissen nicht, ob sie NP-vollständig sind. Das heißt, wir wissen nicht, ob sie zur ausgewählten Klasse der *härtesten* Probleme in NP gehören; wir wissen nicht, ob ihr Schicksal eng mit Stundenplänen, Handlungsreisenden und Affenpuzzles verbunden ist. In einem be-

kannten solchen Beispiel, Problem 3 in der Liste aus Kapitel 1, geht
es um Primzahltests. Obwohl wir wissen, daß Primzahlen kurze Zeugen besitzen, also daß das Problem eine schnelle magische Lösung
besitzt und in NP[11] liegt, wissen wir nicht, ob es NP-vollständig ist.

Können wir uns annähern?

Viele der bislang besprochenen NP-vollständigen Probleme sind
Ja-/Nein-Versionen von **Optimierungsproblemen**, bei denen es darum geht, etwas zu minimieren oder zu maximieren. Ein gutes Beispiel ist das Problem des Handlungsreisenden. Die ursprüngliche
Version fragt nach einer optimalen Tour durch alle Städte auf der
Straßenkarte, also einer Tour minimaler Gesamtlänge.

Obwohl wir nun nicht wissen, wie wir die *beste* Rundreise ausfindig machen, ist es denkbar, eine nicht viel längere finden zu
können. Mit anderen Worten: Wir sind vielleicht nicht in der Lage,
das Problem perfekt zu lösen, aber doch in einer für die Praxis sehr
nützlichen Weise. Algorithmen für diesen Zweck werden **Näherungs-** oder **Approximations-Algorithmen** genannt. Ihnen liegt die
Idee zugrunde, daß man besser einen Umweg fährt, als zuhause zu
bleiben, und daß ein Stundenplan, der einigen Anforderungen nicht
genügt, besser als das totale Chaos ist.

Manche Approximations-Algorithmen garantieren, daß ihre Ergebnisse nicht zu weit von der optimalen Lösung entfernt sind. Es
gibt zum Beispiel einen schlauen Näherungsalgorithmus für das Problem des Handlungsreisenden, der in kubischer Zeit läuft (also N^3)
und eine Rundreise ausgibt, die garantiert nicht länger als das Anderthalbfache der unbekannten optimalen Lösung ist.

---

[11] V. R. Pratt „Every Prime has a Succinct Certificate", *SIAM J. Comput.* **4**
(1975), S. 214–220. Denken Sie daran, daß die *Länge* einer Eingabezahl
K das entscheidende Maß für die Eingabegröße ist – also die Anzahl
der Ziffern –, und nicht ihr Wert. Wenn wir den *Wert* benützten, um die
Zeitkomplexität zu bestimmen, so wäre bereits der übliche Test polynomial in K, nämlich alle ungeraden Zahlen von 3 bis $\sqrt{K}$ als mögliche
Teiler durchzugehen. Dagegen ist die Laufzeit exponentiell in der *Länge*
von K. Wir werden in Kapitel 5 näher darauf eingehen.

Ein anderer Typ von Näherungsalgorithmen garantiert zwar nicht, daß seine Lösungen immer nahe am Optimum liegen, aber dafür, daß sie fast immer *ganz nahe* am Optimum liegen. Zum Beispiel gibt es für das Problem des Handlungsreisenden auch einen schnellen Algorithmus, der für einige Eingaben vielleicht sehr viel längere Touren als die optimale berechnet, in der großen Mehrheit der Fälle aber fast optimale Ergebnisse liefert.

Gibt es für alle NP-vollständigen Probleme schnelle Näherungsalgorithmen? Können wir stets erfolgreich sein, wenn wir bereit sind, etwas flexibler mit unseren Anforderungen umzugehen?

Eine schwierige Frage ... Lange Zeit wurde von vielen gehofft, man könne fähige Approximations-Algorithmen für die meisten NP-vollständigen Probleme finden, auch ohne die Antwort auf das P=NP-Problem zu kennen. Die Hoffnung bestand also darin, daß wir *nahe* an die optimale Lösung kommen könnten, auch wenn es nach wie vor außerhalb unsere Reichweite läge, das *wahre* Optimum zu finden. Vor kurzem kamen aber weitere schlechte Nachrichten, und dieser Hoffnung wurde ein lähmender Schlag versetzt: Für viele NP-vollständige Probleme (wenn auch nicht für alle) ist es ebenso schwierig, Näherungslösungen zu finden wie vollständige. Es konnte gezeigt werden, daß es gleichwertig ist, einen guten Approximations-Algorithmus für eines dieser Probleme zu finden oder eine gute, vollständige Lösung. Flexibilität führt hier nicht weiter als vollkommene Strenge.[12]

Daraus ergibt sich eine verblüffende Konsequenz: Wenn man einen guten *Approximations*-Algorithmus für eines dieser speziellen NP-vollständigen Probleme findet, so werden dadurch schon *alle* NP-vollständigen Problem durchführbar. Wir hätten dann $P = NP$ bewiesen. Umgekehrt, wenn $P \neq NP$ gilt, dann gibt es nicht nur

---

[12] U. Feige, S. Goldwasser, L. Lovász, S. Safra, M. Szegedy „Approximating clique is almost NP-complete", *J. Assoc. Comput. Mach.* **43** (1996), S. 268–292; S. Arora, S. Safra „Probabilistic Checkable Proofs: A New Characterization of NP", *J. Assoc. Comput. Mach.* **45** (1998), S. 70–122; S. Arora, C. Lund, R. Motwani, M. Sudan, M. Szegedy „Proof Verification and Intractability of Approximation Problems", *J. Assoc. Comput. Mach.* **45** (1998), S. 501–555.

keine guten kompletten Algorithmen für die NP-vollständigen Probleme, sondern manche von ihnen können nicht einmal näherungsweise gelöst werden! Betrachten wir zum Beispiel das Netzfärbeproblem. Da es NP-vollständig ist, die kleinste Farbenanzahl für ein gegebenes Netz zu finden, haben die Informatiker nach einem Näherungsalgorithmus Ausschau gehalten, der in einer guten, d. h. polynomialen Zeit immerhin nahe an die optimale Anzahl käme. Vielleicht gibt es eine Methode, die für ein eingegebenes Netz eine Zahl berechnet, die niemals mehr als 10% oder 20% über der minimalen benötigten Anzahl zum Färben des Netzes liegt. Es hat sich herausgestellt, daß dies selbst für 50% so schwierig wie das eigentliche Problem ist: Wenn es einen Polynomialzeit-Algorithmus gibt, der eine Färbung mit höchstens doppelt so vielen Farben wie die minimale Anzahl findet, so haben Forscher kürzlich bewiesen, dann gibt es auch einen Polynomialzeit-Algorithmus für das ursprüngliche Problem, die optimale Zahl selbst zu finden.[13] Und dies hat die gerade erklärten weitreichenden Konsequenzen: Einen guten Approximations-Algorithmus für Netzfärbungen zu finden, ist geradeso schwierig wie zu zeigen, daß P = NP gilt. Wieder eine Hoffnung weniger ...

Manchmal klappt's

Die P=NP-Frage ist nur eine von vielen ungelösten Fragen in der Komplexitätstheorie, doch vielleicht die bedeutendste. Es gibt aber noch viele andere. Zum Beispiel weiß man nicht, ob ein vernünftiger Platzbedarf dasselbe wie ein vernünftiger Zeitbedarf bedeutet. Gibt es ein Problem mit polynomialem Speicherplatzbedarf, das nicht in polynomialer Zeit gelöst werden kann? Dies ist die sogenannte P=PSPACE-Frage. Tatsächlich liegt NP, also die Klasse der Probleme, die man mit dem magischen Nicht-Determinismus in polynomialer Zeit lösen kann, zwischen PTIME und PSPACE. Aber niemand weiß, ob sie mit der einen oder der anderen zusammenfällt, oder ob alle drei verschieden sind.

---

[13] C. Lund, M. Yannakakis „On the Hardness of Approximating Minimization Problems", *J. Assoc. Comput. Mach.* **41**:5 (1994), S. 960–981.

All dies bedeutet nicht, daß es nicht von Zeit zu Zeit auch gute Nachrichten gibt. Manchmal wird ein Polynomialzeit-Algorithmus für ein Problem entdeckt, dessen Durchführbarkeit zuvor unbekannt war. Ein Beispiel bildet lineares Planen, besser bekannt als **lineares Programmieren**. Hierbei handelt es sich um einen allgemeinen Rahmen, der gewisse Planungsprobleme umfaßt, wo Beschränkungen an Zeit und Ressourcen kostensparend abgestimmt werden müssen. Das Problem linearen Planens ist *nicht* NP-vollständig. Jedoch kannte man lange Zeit als besten Algorithmus den berühmten, exponentiellen **Simplex-Algorithmus**, der 1947 von G. B. Dantzig entwickelt worden war.[14] Dieser Algorithmus ist übrigens gar nicht so schlecht: Obwohl er für einige Eingaben exponentiell lange laufen muß, sind diese doch eher an den Haaren herbeigezogen und tauchen kaum in der Praxis auf. Für die meisten täglichen Probleme und realistische Eingabengrößen läuft der Simplex-Algorithmus sehr gut. Trotzdem war es nicht bekannt, ob das Problem im strengen Sinne durchführbar ist, noch waren untere Schranken bekannt, die das Gegenteil gezeigt hätten.

1979 wurde dann ein ziemlich pfiffiger Polynomialzeit-Algorithmus für das Problem gefunden, der allerdings eine gewisse Enttäuschung darstellte. Denn der exponentielle Simplex-Algorithmus läuft ihm in der Praxis in vielen Fällen den Rang ab. Trotzdem hat dieser neue Algorithmus gezeigt, daß lineares Programmieren in der Problemklasse P liegt. Neue Arbeiten auf seiner Grundlage haben effizientere Versionen produziert, und man glaubt im Augenblick, daß es bald einen schnellen Polynomialzeit-Algorithmus für das lineare Programmieren geben wird, der für alle Eingaben einer vernünftigen Größe praxistauglich sein wird.[15]

---

[14] G. B. Dantzig *Linear Programming and Extensions*, Princeton University Press, Princeton NJ 1963.

[15] L. G. Khachiyan „A Polynomial Algorithm in Linear Programming" *Doklady Akademija Nauk SSSR* **244** (1979), S. 1093–1096 (in russisch), englische Übersetzung in *Soviet Mathematics Doklad* **20** (1979), S. 191–194; N. Karmarkar „A New Polynomial-Time Algorithm for Linear Programming", *Combinatorica* **4** (1984), S. 373–395.

In den Kapiteln 2 und 3 haben wir algorithmische Probleme besprochen, von denen wir wissen, daß sie unentscheidbar sind, und andere, von denen wir wissen, daß sie in der Praxis nicht lösbar sind. An diesen werden wir offenbar wenig Freude haben. Aber auch in den Problemen aus diesem Kapitel können wir wenig Trost finden, bei denen wir nicht wissen, ob wir lachen oder weinen sollen. Sie scheinen schlecht zu sein, aber wir wissen es nicht wirklich.

Wie ist es aber im Alltag? Können denn wenigstens die meisten Probleme aus den üblichen Anwendungen effizient gelöst werden? Auch hier lautet die Antwort leider „nein". Wir haben nur die Neigung, solche Wörter wie „alltäglich" oder „üblich" mit Situationen zu verbinden, mit denen wir umgehen können. Tatsächlich erwachsen aus den Anwendungen immer mehr Probleme, die sich als NP-vollständig oder schlimmer herausstellen. Und bei manchen können wir nicht einmal zu Näherungsalgorithmen flüchten.

Schlechte Nachrichten. Wirklich schlechte Nachrichten.

5 Schmerzlindernde Mittel

Computer bringen also nicht nur gute Nachrichten mit sich. Der Versuch, dieses Problem zu lindern, hat Forscher in die verschiedensten Richtungen geführt. In diesem Kapitel wollen wir einige der wichtigsten davon besprechen: **Parallelität**, **Randomisierung**, **Quantencomputer** und **Molekularcomputer**. Die ersten beiden stellen neue algorithmische Paradigmen dar, wobei Annahmen abgeschwächt werden, die dem normalen Berechenbarkeitskonzept zugrunde liegen. Die dritte verlagert Berechnungen in das geheimnisvolle Reich der Quantenmechanik, und die vierte steht für einen Versuch, Moleküle die Arbeit tun zu lassen.

Um ein Gefühl für Parallelität zu bekommen: Vor einigen Jahren gab es in Los Angeles einen Wettbewerb um den Weltmeistertitel im schnellen Hausbau. Dabei mußten einige strenge Regeln beachtet werden: Zum Beispiel standen die Anzahl der Zimmer und die erlaubten Geräte und Materialen fest. Fertigteile waren nicht gestattet, jedoch durfte das Fundament im voraus angelegt werden. Ein Haus galt als fertig, sobald Menschen beginnen konnten, darin zu leben: Wasserrohre und elektrische Leitungen mußten installiert sein und perfekt funktionieren, der Hof mußte grasbedeckt sein und so weiter. Für die Größe der Baumannschaft gab es dagegen keine Beschränkung.

Gewinner war eine Mannschaft aus 200 Bauwerkern, die ihr Haus in nur wenig mehr als *vier Stunden* gebaut hatten!

Dies ist ein schlagender Beweis für den Nutzen der Parallelität: Eine Einzelperson würde viel mehr Zeit benötigen, um das Haus fertigzustellen. Nur durch Zusammenarbeit, perfekte Koordination und gegenseitige Anstrengung konnte die Aufgabe in so kurzer Zeit bewältigt werden. Parallelrechnung erlaubt es vielen Computern –

oder vielen Prozessoren in einem Computer – *zusammen* an einem Problem zu arbeiten, nebeneinander.

Für Randomisierung bietet russisches Roulette ein gutes Beispiel. Während einige es für unwahrscheinlich erachten, in diesem „Spiel" getötet zu werden, würden die meisten nie und nimmer daran teilnehmen. So weit, so gut. Aber nehmen wir an, der Revolver hätte statt der üblichen sechs nun 2^{200} Positionen für die Kugel. Mit einer einfachen Risikoberechnung kann man dies auf einen normalen Sechs-Schuß-Revolver übertragen: Dort würde es bedeuten, daß der tödliche Schuß erst dann abgefeuert wird, wenn die Kugel 77 mal in Folge in der Schußposition landet. Die Gefahr, in diesem 77 fachen russischen Roulette zu sterben, ist um viele, viele Größenordnungen geringer als die Gefahr zu sterben, wenn man ein Glas Wasser trinkt, zur Arbeit fährt oder einmal tief einatmet. Wenn Sie einen wichtigen Grund haben sollten, an dem 77 fachen russischen Roulette (bzw. dem mit dem 2^{200}-Schuß-Revolver) teilzunehmen, sollten Sie sich über das damit verbundene Risiko keinerlei Gedanken machen: Die Wahrscheinlichkeit einer Katastrophe ist unvorstellbar gering.

Randomisierung erlaubt es Computern, im Laufe ihrer Berechnungen auf faire Weise Münzen zu werfen (oder Revolvertrommeln zu drehen) und so zufällige Ergebnisse zu erzielen. Mit überraschenden Konsequenzen, wie wir sehen werden: Statt chaotische und unvorhersehbare Resultate zu erzeugen, kann diese Fähigkeit von großem Nutzen sein. Oft gibt es schnelle randomisierte Verfahren (auch „probabilistische Verfahren" genannt) zu Problemen, deren konventionelle Lösungen weit weniger effizient sind. Als Preis zahlt man die Möglichkeit eines Irrtums, den man aber getrost mißachten darf, wie bei der Vorstellung eines 77 fachen russischen Roulettes.

Quantencomputer gehen völlig neue Wege. Sie beruhen auf der Quantenmechanik, einem verlockenden und paradoxen Teil der Physik des 20. Jahrhunderts. Es wurden bereits einige überraschend effiziente Quantenalgorithmen für Probleme entdeckt, von denen man nicht weiß, ob sie im klassischen Sinne durchführbar sind. Um sie verwenden zu können, müßte man jedoch zuerst einen **Quantencomputer** bauen: ein spezielles Gerät, das es bislang noch nicht wirklich gibt.

Molekulare oder DNS-Rechner bilden ein anderes neues Paradigma. Wissenschaftler haben eine molekulare Mischung dazu gebracht, gewisse Instanzen NP-vollständiger Probleme zu lösen, was interessante und aufregende Möglichkeiten eröffnet.

Im Rest dieses Kapitels werden diese Ideen in unterschiedlicher Tiefe besprochen. Wir wollen aber unserem Ziel treu bleiben, die schlechten Nachrichten zu präsentieren. Daher werden wir uns auch bei diesen neuen Freiheiten im Herangehen an algorithmische Probleme auf die Frage konzentrieren, inwieweit sie in der Lage sind, die in den vorangegangenen Kapiteln besprochenen Beschränkungen zu überwinden.

Parallelität oder zusammen sind wir stark

Die Häuslebauer-Geschichte verdeutlicht, daß es Wunder bewirken kann, wenn man viele Dinge nebeneinander (d. h. parallel) tut. Man sollte sich allerdings klarmachen, daß man nicht alles parallelisieren kann. Angenommen, wir wollen einen Graben ausheben, der einen Meter tief, einen Meter breit und zehn Meter lang sein soll. Wenn ein Einzelner am Tag ein Loch von einem Kubikmeter graben kann, so würde er zehn Tage für den zehn Meter langen Graben brauchen, wohingegen zehn Menschen nebeneinander grabend diese Arbeit in einem Tag bewältigen könnten. Hier funktioniert Parallelität am besten. Angenommen aber, wir wollen keinen Graben, sondern einen *Brunnen*, der einen Meter breit, einen Meter lang und zehn Meter *tief* sein soll. Hier ist Parallelität zu nichts nütze, und selbst hundert Menschen bräuchten nach wie vor zehn Tage.

In einem ähnlichen Beispiel könnte man sich neun Paare vorstellen, die versuchen wollten, innerhalb eines Monats ein Kind zu zeugen und zur Welt zu bringen ...

Einige algorithmische Probleme können gut „parallelisiert" werden, auch wenn die ersten Lösungen, die einem in den Sinn kommen, sequentieller Natur sind.[1] Betrachten wir noch einmal das Lohnsum-

---

[1] Der Ausdruck **sequentielles Berechnen** wird üblicherweise als Gegenbegriff zum parallelen Berechnen benutzt und kennzeichnet die normale Methode, mit einem einzigen Computer oder Prozessor zu rechnen.

menproblem aus Kapitel 1. Was wir dort getan haben, scheint notwendig zu sein, nämlich der Reihe nach durch die Angestelltenliste zu gehen und ein Gehalt nach dem anderen zu addieren, so ähnlich wie beim Brunnengraben. Das stimmt aber nicht. Abbildung 5.1 veranschaulicht einen einfachen Parallelalgorithmus für Lohnsummierung, der in logarithmischer Zeit läuft. Und das ist, wie in Kapitel 3 gezeigt wurde, eine bedeutende Verbesserung gegenüber linearer Zeit. Die Methode besteht darin, zunächst die ganze Liste der N Angestellten zweierweise zu betrachten, also in Paaren:

$$\langle 1., 2. \rangle, \langle 3., 4. \rangle, \langle 5., 6. \rangle \ldots$$

Dann werden die beiden Löhne in jedem Paar *gleichzeitig* zusammengezählt, woraus sich eine Liste ergibt, die nur noch halb so lang wie die ursprüngliche ist. Dafür wird nur die Zeit einer einzigen Addition benötigt, da alle diese Additionen ja zur gleichen Zeit ausgeführt werden. Die neue Liste (der Länge $N/2$) wird dann ebenso in Paare aufgeteilt, die beiden Zahlen in jedem Paar werden wieder gleichzeitig addiert, woraus sich eine neue Liste mit $N/4$ Einträgen ergibt. Dies geht so weiter, bis nur noch ein Eintrag übrig bleibt, der die Summe der Löhne der Gesamtliste darstellt. Insgesamt werden dafür $\log_2 N$ Schritte benötigt; der ganze Algorithmus läuft also in logarithmischer Zeit.

Erinnern wir uns an die Tabelle in Kapitel 3: Bei logarithmischer Laufzeit können wir 1000 Löhne in der Zeit von gerade mal 10 Additionen aufsummieren, und eine Million Löhne in der Zeit von nur 20 Additionen. Große Ersparnisse also!

Wir sollten aber auch über die dafür erforderliche Hardware sprechen, also die Anzahl der benötigten Prozessoren. Dieses Komplexitätsmaß wird manchmal der **Hardware-Aufwand** (*hardware size*) genannt. Wenn wir eine Million Löhne aufsummieren wollen, so müssen wir im ersten Schritt eine halbe Million Additionen von je zwei Löhnen durchführen. Dazu bräuchten wir eine halbe Million Prozessoren. Die selben können für die 250 000 Additionen im zweiten Schritt benutzt werden (wobei die Hälfte von ihnen natürlich nichts mehr zu tun hätte), woran sich dann die 125 000 Additionen des dritten Schritts anschlössen und so weiter. Um also den Zeitbe-

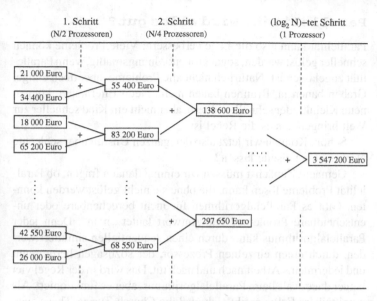

Abb. 5.1. Löhne aufsummieren mit Parallelität

darf für die Summation von N Löhnen von linearer Zeit auf logarithmische Zeit zu drücken, brauchen wir $N/2$ Prozessoren: eine Zahl, die von N abhängt.

Das muß auch so sein, denn wenn wir nur eine *feste* Anzahl an Prozessoren hätten, die also nicht mit N wächst, könnten wir unseren ursprünglichen Algorithmus nur um einen konstanten Faktor verbessern: Wir wären vielleicht in der Lage, die Löhne doppelt so schnell oder hundertmal so schnell zu addieren, doch der Zeitbedarf wäre immer noch proportional zu N, also linear. Eine Verbesserung in der Größenordnung erfordert eine sich **ausbreitende Parallelität**, bei der die Anzahl der Prozessoren mit N wächst.[2]

---

[2] Sie werden vielleicht einwerfen, daß eine wachsende Anzahl an Prozessoren nicht ausführbar ist, da ein Computer eine feste Größe besitzt. In einem engen Sinne stimmt dies zwar, doch ähnliche Argumente würden auch für Speicherplatz und eventuell auch den Zeitbedarf gelten. In der Komplexitätstheorie geht es aber darum zu messen, wie die Menge der

Parallelität: wird alles gut?

Parallelität kann also die Lage verbessern: Viele Probleme können schneller gelöst werden, sogar größenordnungsmäßig, wenn Parallelität zugelassen ist. Natürlich nicht alle Probleme, aber doch einige. Graben bauen ja, Brunnen bauen nicht. Neun Elternpaare können neun Kleinkinder schneller füttern, aber nicht ein Kind schneller zur Welt bringen, als es die Regel ist.

Schön. Können wir jetzt also den ganzen Unsinn über schlechte Nachrichten beiseite lassen?

Gemach! Zunächst müssen wir einmal danach fragen, ob Parallelität Probleme lösen kann, die ohne sie nicht gelöst werden konnten. Gibt es Parallelalgorithmen für nicht berechenbare oder unentscheidbare Probleme? Die Antwort lautet „nein". Denn jeder Parallelalgorithmus kann durch einen sequentiellen simuliert werden, durch einen einzelnen Prozessor, der sozusagen herumrennt und jedermanns Arbeit nach und nach tut. Das wird in der Regel viel länger dauern als beim Parallelalgorithmus, aber es funktioniert. Als unmittelbare Folge ergibt sich, daß die Church-Turing-These auch für Modelle paralleler Berechenbarkeit gilt. Die Klasse der algorithmisch lösbaren Probleme ändert sich also nicht, wenn man zusätzlich Parallelität erlaubt. Selbst wenn man sämtliche Computer der Erde in einer weltumgreifenden Anstrengung einspannte: Wir wären nicht in der Lage, das Domino-Problem zu lösen oder Jahr-2000-Fehler zu finden. Soviel hierzu.

Als nächste Frage stellt sich, ob Parallelität undurchführbare Probleme zu durchführbaren machen kann. Gibt es ein Problem mit einem übermäßigen (also superpolynomialen) Zeitbedarf für die *sequentielle* Lösung, das aber *parallel* in annehmbarer (d. h. polynomialer) Zeit gelöst werden kann?

---

benötigten Ressourcen mit der Eingabe wächst. Wir müssen ein algorithmisches Problem auch für die Eingaben von morgen lösen und können nicht jedesmal einen neuen Algorithmus entwerfen. In dieser Hinsicht werden Prozessoren als eine Ressource wie alle anderen auch betrachtet. Wir wollen einfach wissen, wie groß die Hardware für wachsende Eingaben sein muß.

Um die Feinheit dieser Frage besser schätzen zu können, betrachten wir die NP-vollständigen Probleme aus Kapitel 4. Wie Sie sich gewiß erinnern, gibt es für alle Probleme in NP gute nicht-deterministische Lösungen. Sie können effizient gelöst werden mittels einer magischen Münze, die man werfen darf, wenn eine Auswahl ansteht. Die Münze nutzt ihre Zauberkräfte, um eine Richtung aufzuzeigen, die zur besten Antwort führt – in einem Entscheidungsproblem zu einem „ja", falls das überhaupt möglich ist. Nun das Interessante: Wenn wir über Parallelität verfügen, brauchen wir keine magische Münze mehr! Jedesmal, wenn eine „Kreuzung" erreicht ist, senden wir in Ermangelung der Zauberkräfte einfach neue Prozessoren aus, die gleichzeitig alle möglichen Wege abschreiten. Wenn einer von ihnen je zurückkommt und „ja" ruft, dann stoppt der ganze Prozeß und sagt ebenfalls „ja". Wenn dagegen eine im voraus bestimmte polynomiale Zeitspanne verstrichen ist und keiner „ja" gerufen hat, dann stoppt der Prozeß und sagt „nein". Weil das Problem in NP ist, hätte die magische Münze eine Ja-Antwort (sofern es eine gibt) in dieser Zeit entdeckt, also wird unser alles abdeckender Multi-Prozessor-Gang durch alle Möglichkeiten das „Ja" in der gleichen Zeit finden. Und wenn er kein „ja" in der zugewiesenen Zeit findet, muß die Antwort „nein" lauten.

Folglich besitzen alle Probleme in NP Parallellösungen in Polynomialzeit, insbesondere die NP-vollständigen wie das Affenpuzzle, das Problem des Handlungsreisenden, Stundenpläne und Kofferpacken.

Fein! Denn bedeutet dies nicht, Undurchführbares durchführbar gemacht zu haben?

Nicht ganz. Zwei Kommentare sind angebracht, bevor wir hinausstürmen und jedem erzählen, daß Undurchführbarkeit nur eine lästige Folge altertümlicher Ein-Prozessor-Rechner ist, die durch Parallelität aus der Welt geschafft werden kann.

Zum einen wissen wir lediglich, wie *NP-vollständige* Probleme gut werden; wir wissen es nicht für *beweisbar* schlechte Probleme wie *Roadblock* zum Beispiel. Und von keinem der NP-vollständigen Probleme wissen wir, daß es undurchführbar ist – wir vermuten es nur. Daß Parallelität NP-vollständige Probleme in polynomialer Zeit lösen kann, bedeutet noch nicht, daß Parallelität auch nur ein einziges Problem seiner innewohnenden Undurchführbarkeit entrissen hätte, denn wir wissen ja nicht, ob die NP-vollständigen Probleme *wirklich* undurchführbar sind.

Zum anderen, und das ist der wichtigere Punkt, wird der für einen guten Parallelalgorithmus nötige Aufwand an Hardware oft immens sein! Insbesondere gilt dies für die obige Methode, NP-vollständige Probleme zu lösen. Wenn wir versuchen, die magische Münze durch parallele Betrachtungen aller möglichen Fälle zu vermeiden, erleben wir eine große Überraschung. Eine exponentiell große Überraschung! Wenn wir Parallelität nutzen wollen, um in weniger als Millionen von Millionen von Millionen an Jahren herauszufinden, ob ein passender Stundenplan für ein Gymnasium gefunden werden kann, dann bräuchten wir einen völlig verrückten Computer, der Millionen von Millionen von Millionen kompliziert vernetzter Prozessoren enthält. Mehr noch: Selbst wenn der Parallelalgorithmus eine polynomiale Zeitschranke aufweist, bedeutet das noch lange nicht, daß er tatsächlich in polynomialer Zeit auf einem wirklichen Parallelrechner läuft. Forscher haben bewiesen, daß – selbst unter freizügigen Annahmen über die Dicke von Kommunikationskabeln und die Geschwindigkeit der Datenübertragung – superpolynomial viele Prozessoren auch für polynomial viele Schritte oft superpolynomial viel Zeit benötigen würden (und unabhängig davon, wie die Prozessoren zusammengeschaltet sind). Diese Ergebnisse beruhen auf den physikalischen Beschränkungen des dreidimensionalen Raumes.[3] Knapper formuliert geht eine gute parallele Zeit oft mit einem unerwünscht schlechten Hardware-Aufwand einher, und überdies verschlechtert sich die gute Zeit manchmal wieder durch ungenügende Hardware.

Eine Frage bleibt also: Können wir Parallelität nutzen, selbst mit einem ausufernden Hardware-Aufwand, um in annehmbarer Zeit ein Problem zu lösen, von dem beweisbar ist, daß es sequentiell nicht in guter Zeit lösbar ist? Diese Frage ist nach wie vor offen und läßt

---

[3] P. M. B. Vitànyi „Locality, Communication and Interconnect Length in Multicomputers", *SIAM J. Comput.* **17** (1988), S. 659–672.

eine große Lücke in unserem Verständnis dafür, was wirklich zu erreichen ist, wenn Einheiten zusammenarbeiten.[4]

---

[4] Interessanterweise stellt sich heraus, daß **Parallel-PTIME** (also die Klasse der mit Parallelität in Polynomialzeit lösbaren Probleme) genau die Klasse PSPACE (der sequentiell lösbaren Probleme, die einen nur polynomialen Speicherplatzbedarf haben) ist. Daher ist die Frage, ob Parallel-PTIME größer als PTIME ist, gleichwertig zu einer Frage, die nur sequentielles Rechnen betrifft, nämlich ob PSPACE größer als PTIME ist. Diese P=PSPACE-Frage wird von den Wissenschaftlern als sehr schwierig angesehen, ähnlich wie die P=NP-Frage. Eine weitere zentrale Frage besteht darin, was „gut" im Beisein von Parallelität wirklich bedeuten soll. Parallel-PTIME könnte nicht die richtige Wahl sein, denn wie bereits erwähnt, könnten polynomiale Parallelalgorithmen eine exponentielle Anzahl an Prozessoren benötigen und sogar mehr als polynomial viel Zeit, wenn sie auf einem wirklichen Parallelrechner laufen.

Einer der Zwecke, für die man Parallelität eingeführt hat, liegt darin, die Laufzeit zu verringern, und zwar nach Möglichkeit drastisch. Oft wollen wir *sublineare* Algorithmen, welche die Parallelität in einem solchen Maße ausnutzen, daß normale Rechner in dieser Zeit nicht einmal die gesamte Eingabe lesen könnten. Diese Herausforderung führt auf die interessante Problemklasse NC. Probleme in NC gestatten *äußerst schnelle* Parallellösungen, viel schneller als Linearzeit (nämlich polylogarithmische Zeit), aber brauchen nur polynomial viele Prozessoren. Siehe N. Pippenger „On Simultaneous Resource Bounds (preliminary version)", *Proc. 20th IEEE Symp. on Foundations of Computer Science*, IEEE, New York 1979, S. 307–311; S. A. Cook „Towards a Complexity Theory of Synchronous Parallel Computation", *L'Enseignement Mathématique* **27** (1981), S. 99–124.

Obwohl viele bekannte Probleme in NC liegen, zum Beispiel das Sortierproblem, wissen wir doch recht wenig über diese Klasse. Zum Beispiel weiß niemand, ob diese Art Beschleunigung für *alle* Probleme in PTIME möglich ist. Wir wissen zwar, daß NC in PTIME enthalten ist, dies wiederum in NP, und dieses in PSPACE; doch wir wissen nicht, ob die Inklusionen *echt* sind (also keine Gleichheit vorliegt). Die Situation verhält sich also folgendermaßen, wobei das Symbol $\overset{?}{\subset}$ bedeutet, daß die links davon stehende Menge in der rechts davon stehenden enthalten ist, aber unbekannt ist, ob Gleichheit vorliegt:

Doch es gibt in diesem Bereich mehr zu tun und zu erforschen als nur zu versuchen, solche derzeit unnachgiebigen offenen Fragen zu lösen. Parallelität ist etwas Alltägliches geworden, und je besser wir sie verstehen, desto größer ihr Nutzen. Zur Zeit scheinen sich allerdings die neuesten algorithmischen und technologischen Entwicklungen gegenseitig davonzulaufen. Viele der besten bislang entworfenen Parallelalgorithmen können nicht implementiert werden, weil die existierenden Parallelrechner in der ein oder anderen Weise nicht angemessen sind. Tatsächlich laufen nur sehr wenige Parallelalgorithmen in effizienter Weise auf bestehenden Parallelrechnern (zu denen einige der schnellsten je entwickelten Computer zählen). Andererseits fehlt uns immer noch viel an Verständnis dafür, was algorithmisch parallelisiert werden kann, um vollen Nutzen aus den Möglichkeiten zu ziehen, die einige Computer bieten.

$$NC \overset{?}{\subset} PTIME \overset{?}{\subset} NP \overset{?}{\subset} PSPACE \; (= Parallel\text{-}PTIME)$$

Viele Informatiker glauben, daß die Inklusionen echt sind. In Worten handelt es sich also um folgende drei Vermutungen (von links nach rechts):

(1) Es gibt Probleme, die sequentiell mit wenig Zeitbedarf gelöst werden können, aber nicht parallel mit äußerst wenig Zeitbedarf und gutem Hardware-Aufwand.

(2) Es gibt Probleme, die sequentiell mit wenig Zeitbedarf gelöst werden können, sofern magischer Nicht-Determinismus erlaubt ist, nicht aber ohne ihn.

(3) Es gibt Probleme, die sequentiell mit wenig Speicherplatz gelöst werden können – oder gleichbedeutend, die parallel mit wenig Zeitbedarf gelöst werden können (aber eventuell schlechtem Hardware-Aufwand) –, die aber nicht sequentiell mit wenig Zeitbedarf gelöst werden können, auch nicht unter Zuhilfenahme magischen Nicht-Determinismus.

Dies sind drei der tiefestgehenden, wichtigsten und schwierigsten offenen Fragen in der Informatik. Ein Beweis oder eine Widerlegung einer dieser vermuteten Ungleichheiten würde einen bedeutenden Durchbruch für das Verständnis der Berechenbarkeit bringen.

Randomisierung oder Münzenwerfen

Parallelität hat uns aus der Welt gewöhnlicher Algorithmen herausbefördert, indem sie die Benutzung von mehr als einem Prozessor erlaubt. Es war leicht zu sehen, daß diese neue Freiheit die Lage verbessert, und sie bedurfte geringer Rechtfertigung. Jetzt erweitern wir den üblichen Berechenbarkeitsrahmen in eine ganz andere Richtung, indem wir den Algorithmen erlauben, während ihrer Ausführung Münzen zu werfen und somit Zufallsergebnisse zu erzeugen. Solche Algorithmen werden probabilistisch oder randomisiert genannt.

Computer, die Münzen werfen?! Führt dies nicht ein chaotisches, unvorhersebares Verhalten in die sonst so geordnete, sorgfältig bestimmte Schritt-für-Schritt-Welt algorithmischer Prozesse ein? Tatsächlich tut es das, doch in vielen Fällen können wir die Unvorhersebarkeit eines Münzwurfs ausnutzen und sie *für* uns statt *gegen* uns arbeiten lassen. Es gibt im wesentlichen zwei Möglichkeiten dafür. Die erste, das sogenannte **Las-Vegas**-Verfahren[5], erstellt einen korrekten, aber ineffizienten Algorithmus, und der Zufall wird benutzt, um seine Ausführung mit hoher Wahrscheinlichkeit zu beschleunigen. Kurz gesagt sind Las-Vegas-Algorithmen dadurch charakterisiert, daß sie stets korrekt und meistens schnell sind.

Der sehr beliebte Sortieralgorithmus **Quicksort** ist ein Beispiel. *Quicksort* besitzt eine eher enttäuschende *Worst-Case*-Laufzeit von N^2 (was für Sortieralgorithmen langsam ist, vgl. Kapitel 3), aber eine sehr gute mittlere Laufzeit, nämlich ungefähr $1,5 \cdot N \cdot \log_2 N$. Deshalb ist er einer der meistgewählten Algorithmen. Einige Anwendungen führen allerdings zu ungleichmäßigen Eingabenlisten, mit denen *Quicksort* schlecht läuft, d. h. näher an seiner ungünstigsten quadratischen Laufzeit. Wenn die Liste zum Beispiel schon sortiert ist und eigentlich gar keine Arbeit zu tun ist, dann wird *Quicksort* dies nicht erkennen und ganz schlecht in quadratischer Zeit laufen! Können wir hier etwas tun und bewirken, daß sich Eingaben stets durchschnittlich verhalten? Das ist einfach: Wir müssen unsere Eingabe erst einmal beliebig durcheinanderwürfeln. Genauer

---

[5] Die Ausdrücke „Las Vegas" und „Monte Carlo" sind nicht besonders aussagekräftig, aber aus irgendwelchen Gründen wurden sie von Informatikern benutzt und scheinen jetzt eingebürgerte Begriffe zu sein.

gesagt, führen wir erst eine Vorstufe zum eigentlichen *Quicksort*-Algorithmus aus. Dabei werfen wir Münzen, um unsere Eingabeliste mittels einer zufälligen Umordnung durcheinanderzumischen. Dies soll sicherstellen, daß die dann zu sortierende Liste wie eine „durchschnittliche" Liste aussieht. Entgegen aller Erwartung wird die Aufgabe dadurch nicht unangenehmer, sondern dieser seltsame Trick bewirkt – mit großer Wahrscheinlichkeit –, daß die Laufzeit nahe an der ausgezeichneten durchschnittlichen Laufzeit liegt. Dieses „mische erst, sortiere dann"-Verfahren ergibt einen Algorithmus vom Las-Vegas-Typ. Er sortiert stets korrekt und ist mit großer Wahrscheinlichkeit sehr schnell. Mit geringer Wahrscheinlichkeit allerdings könnte er in der nicht so guten Zeit N^2 laufen.

Die andere Art von randomisierten Algorithmen heißt nach **Monte Carlo**. Diese weit radikalere Vorgehensweise opfert eine unserer geheiligten Anforderungen, nämlich die, daß ein Algorithmus für alle möglichen Eingaben eine korrekte Lösung liefern muß. Natürlich können wir die Korrektheit nicht vollständig aufgeben, denn dann würde jeder Algorithmus das Problem „lösen". Wir empfehlen auch keine Algorithmen, von denen wir nur *hoffen*, daß sie arbeiten, und deren Leistung wir nicht klar analysieren können. Stattdessen interessieren wir uns für Algorithmen, die vielleicht *nicht immer* korrekt arbeiten, aber deren mögliche Fehler getrost ignoriert werden können. Und zwar aufgrund strenger mathematischer Rechtfertigungen. Im Gegensatz also zu den stets korrekten und meistens schnellen Las-Vegas-Algorithmen sind Monte-Carlo-Algorithmen immer schnell, aber nur meistens korrekt. Die Wahrscheinlichkeit dafür muß aber sehr, sehr hoch sein.

Stellen wir uns als Beispiel vor, Sie hätten ein großes Abendessen zu organisieren, bei dem die Gäste das Essen mitbringen. Sie wollen aber nicht, daß jeder nach Belieben etwas besorgt, sondern daß etwa ein Viertel der Gäste Vorspeisen, die Hälfte Hauptgerichte und das restliche Viertel Nachtische bringt (für Bier und Wein sorgen Sie selbst). Eine naive Vorgehensweise besteht darin, die Aufteilung der Gäste nach diesem Schema selbst zu besorgen. Es gibt aber eine für Sie einfachere, randomisierte Version (einfacher, weil Sie sich nicht merken müssen, wem Sie was gesagt haben, und weil Sie die unvermeidlichen Diskussionen umgehen): Sagen Sie jedem, er solle zuhause eine Münze werfen. Bei „Kopf" soll er ein Hauptgericht bringen, andernfalls noch einmal werfen. Falls auch der zweite Wurf „Kopf" ergibt, soll er eine Vorspeise, falls er „Zahl" ergibt, einen Nachtisch bringen. Mit großer Wahrscheinlichkeit (die mit der Größe der Abendgesellschaft wächst), wird das Essen wie gewünscht verteilt sein. Nicht immer und nicht ganz genau, aber in der Regel wird es einer idealen Aufteilung nahe kommen.

Mehr über Monte-Carlo-Algorithmen

Randomisierte Algorithmen werden allerdings für viel entscheidendere Dinge benutzt als sicherzustellen, daß Ihr Abendessen ein Erfolg wird.

Betrachten wir eine ähnliche Situation wie die zuvor besprochene Russisch-Roulette-Geschichte, nur daß es diesmal um Geld statt um Leben geht. Stellen Sie sich vor, aus irgendeinem Grunde würde Ihr ganzes Geld an dem Affenpuzzle aus Kapitel 4 hängen. Wenn Sie richtig beantworten können, ob eine große Instanz des Problems (sagen wir eine 15 × 15-Version mit 225 Karten) gelöst werden kann, dann wird Ihr Geld verdoppelt. Wenn Sie dagegen falsch antworten, verlieren Sie Ihr Geld. (Übrigens müssen Sie eine Entscheidung treffen, denn Ihr Geld ist bis dahin gesperrt). Da das Affenpuzzle NP-vollständig ist, haben Sie ein Problem. Was werden Sie tun?

Sie könnten Ihren Lieblingsalgorithmus für das Affenpuzzle auf diese Karten ansetzen. Der läuft zwar in exponentieller Zeit, doch Sie könnten immer noch hoffen, daß dieser spezielle Fall einfach ist und in annehmbarer Zeit gelöst wird. Oder Sie könnten sich auf den Boden setzen und selbst anfangen, mit den Karten herumzuprobieren. Wenn Sie einsehen, daß all dies hoffnungslos ist, könnten Sie einfach „ja" oder „nein" raten und das Beste hoffen. Immerhin haben sie damit eine feste Gewinnchance.

Gibt es noch eine bessere Möglichkeit?

Angenommen, eine gute Fee würde auftauchen, während Sie gerade dabei sind, blind zu raten, und bietet Ihnen (kostenlos) einen Monte-Carlo-Algorithmus an, der das Affenpuzzle schnell, aber mit einer geringen Irrtumswahrscheinlichkeit löst: Jedes 2^{200}ste Mal gibt er die falsche Antwort. Ist das eine gute Nachricht? Aber gewiß! Ihr Geld ist dann so sicher wie jedes andere. Nehmen Sie das Angebot an. Lassen Sie den Algorithmus mit Ihren Karten laufen und gehen Sie mit der Antwort zu Ihrem Peiniger. Wie bei dem Russisch-Roulette-Revolver mit 2^{200} Schuß sind die Chancen, Ihr Geld zu verlieren, weitaus geringer als die Wahrscheinlichkeit, daß in allen Banken gleichzeitig genau in diesem Moment ein Hardware-Fehler auftritt, oder daß Ihre Bank am nächsten Tag sowieso Bankrott macht.

Für viele algorithmische Probleme, sogar für einige undurchführbar aussehende, gibt es solche Algorithmen mit extrem kleiner Irrtumswahrscheinlichkeit, die in der Regel sehr zeiteffizient sind. Ob solch eine Lösung auch für das Affenpuzzle oder andere NP-vollständige Probleme existiert, ist eine noch offene Frage. Es gibt sie allerdings für manch andere Probleme: Eines wird im nächsten Abschnitt beschrieben. In allen denkbaren praktischen Belangen ist ein Monte-Carlo-Algorithmus völlig zufriedenstellend, ob nun das Geld oder das Leben eines Einzelnen auf dem Spiel steht, die finanzielle Zukunft eines Unternehmens oder die Sicherheit eines ganzen Landes. Die Chancen einer Panne sind vernachlässigbar. Außerdem werden wir sehen, daß *Sie* es sind, der im voraus bestimmt, welches Risiko Sie tragen wollen.

Primzahltests

Randomisierung hat eine bedeutende Anwendung bei Primzahltests, Problem 3 in der Liste aus Kapitel 1:

Problem 3
Eingabe: Eine positive natürliche Zahl K.
Ausgabe: „Ja", falls K eine Primzahl ist, und „nein" ansonsten.

Primzahlen sind die interessantesten Zahlen, die je die Aufmerksamkeit der Mathematiker erregt haben. Sie haben beachtliche Eigenschaften und spielen eine zentrale Rolle in der **Zahlentheorie**, einem Zweig der Mathematik. Ihre Untersuchung hat zu einigen der schön-

sten Ergebnissen in der gesamten Mathematik geführt. In Kapitel 6
werden wir sehen, daß Primzahlen in einigen aufregenden Anwendungen der Algorithmik unentbehrlich geworden sind. Zum Beispiel
in der Kryptographie (Verschlüsselungslehre): Dort ist es wichtig,
schnell testen zu können, ob eine große Zahl prim ist.

Wie stellen wir fest, ob eine Zahl K prim ist? In Kapitel 1 wurde
die naive Methode erwähnt, K durch alle Zahlen von 2 bis $\sqrt{K}$ zu
teilen. Wenn eine dieser möglichen Teiler die Zahl K tatsächlich
teilt, erkennen wir K als zusammengesetzt; dagegen als prim, wenn
alle Divisionen ausgeführt sind und stets ein Rest geblieben ist. Dieser Algorithmus ist in Ordnung. Er ist einfach, korrekt und arbeitet
recht gut für Zahlen mit bis zu 20 Ziffern. Leider braucht man für
manche Anwendungen viel größere Primzahlen: 150- oder 200stel-
lige. Wir müssen wissen, wie sich der naive Algorithmus verhält,
wenn K wächst. Dabei muß man auf die Anzahl der Ziffern schauen:
Wie in den meisten anderen algorithmischen Problemen der Zahlentheorie ist die Eingabengröße nicht der *Wert* einer Zahl, sondern
ihre *Länge* an Ziffern. Wir möchten daher wissen, wie schnell dieser
Primzahltest-Algorithmus als Funktion von N wächst, wobei N die
Anzahl der Ziffern der Eingabezahl K ist.[6]

Leider ist dieser übliche Primzahltest unannehmbar ineffizient,
selbst mit den besten bekannten Verbesserungen wie Vielfache von
bereits getesteten möglichen Teilern auszulassen. Seine Zeitkomplexität ist exponentiell in N. Bei einer 200stelligen Zahl könnte es
viele Milliarden Jahre dauern, selbst mit den schnellsten Computern. Es gibt bessere Algorithmen, aber sie sind immer noch nicht
polynomial. Man weiß nicht, ob das Problem im üblichen Sinne
durchführbar ist.[7]

---

[6] Die **Basis** des zugrundeliegenden Zahlensystems ist dabei unerheblich:
Es herrscht nur ein linearer Unterschied zwischen der Länge einer Zahl
im Binärsystem oder im Dezimalsystem oder in irgendeiner anderen
Darstellung, die mehr als zwei Ziffern benutzt.

[7] Im Gegensatz zu den NP-vollständigen Problemen glauben viele, daß
Primzahlen zu testen in PTIME liegt. Tatsächlich gibt es Algorithmen
für das Testen von Primzahlen, die in „fast polynomialer" Zeit laufen, zumindest was die Größenordnung anlangt. Der zur Zeit beste

Randomisierte Primzahltests

Trotz dieser düsteren Nachrichten wurden Mitte der 70er Jahre, nach
den ersten Arbeiten von Michael Rabin über probabilistisches Berechnen, einige pfiffige Monte-Carlo-Algorithmen für Primzahltests
entdeckt. Sie gehören zu den ersten randomisierten Lösungen, die für
schwierige algorithmische Probleme gefunden wurden, und lösten
weitreichende Forschungen aus, die zu verbesserten Lösungen für
viele weitere Probleme führten. Die Laufzeiten dieser Primzahltest-
Algorithmen sind polynomial (von niederer Ordnung) in der Länge
N der Eingabezahl K. Selbst auf einem kleinen Computer können sie
erstaunlich schnell und bei vernachlässigbarer Irrtumswahrscheinlichkeit testen, ob eine 200stellige Zahl prim ist![8]

Die Grundidee dieser Algorithmen besteht darin, zufällig nach
einer bestimmten Art von **Zeugen** für die Zusammengesetztheit von
K zu suchen. Solch ein Zeuge besteht aus einer Zahl, deren mathematische Eigenschaften einen tatsächlichen Beweis dafür liefern,
daß K zusammengesetzt ist. Wenn solch ein Zeuge gefunden ist,
kann der Algorithmus getrost anhalten und „nein, K ist nicht prim"
ausgeben, denn er hat eine unwiderlegbare Einsicht darin erlangt.

---

läuft in $O(N^{O(\log_2(\log_2 N))})$. Dies kann man als sehr nahe an Polynomialzeit ansehen, da die Funktion $\log_2(\log_2 N)$ sehr langsam wächst.
Größer als 5 wird sie zum ersten Mal bei mehr als vier Milliarden,
und 6 erreicht sie erst bei weit über 18 Trillionen. Siehe L. Adleman,
C. Pomerance, R. S. Rumely „On Distinguishing Prime Numbers from
Composite Numbers", *Ann. Math.* **117** (1983), S. 173–206. Wenn wir
konstante Faktoren für einen Augenblick vernachlässigen, so bedeutet dies, daß bei einer Eingabezahl mit einer Milliarde Ziffern – also
einer Zahl, deren Länge N eine Milliarde beträgt – der Algorithmus
immer noch mit einer Zeitschranke von grob N^5 läuft. K müßte über
18 Trillionen Ziffern aufweisen, bevor er sich wie N^6 verhält. Trotzdem
handelt es sich um superpolynomiales Zeitverhalten, da er *irgendwann*
N^6 erreichen wird, dann N^7 usw., ohne jegliche Schranke.

[8] M. O. Rabin „Probabilistic Algorithm for Testing Primality", *J. Number Theory* **12** (1980), S. 128–138; G. L. Miller „Riemann's Hypothesis
and Tests for Primality", *J. Comput. Syst. Sci.* **13** (1976), S. 300–317;
R. Solovay, V. Strassen „A Fast Monte-Carlo Test for Primality", *SIAM
J. Comput.* **6** (1977), S. 84–85.

Umgekehrt muß der Algorithmus aber so eingerichtet sein, daß er zu einem vernünftig frühen Zeitpunkt mit der Suche aufhören und K als Primzahl bezeichnen darf und dabei mit einer nur geringen Chance falsch liegt.

Die Zeugen richtig zu definieren, ist ein schwieriges Unterfangen. Um dies besser einzuschätzen, schauen wir uns an, was passiert, wenn wir die offensichtlichen Kandidaten dafür wählen, nämlich die Faktoren von K. Ein Zeuge sei also eine Zahl zwischen 2 und $K - 1$, welche K teilt. Wir versuchen nun, eine solche Zahl durch zufälliges Raten zu finden. Diese zufällige Suche geht schnell: Wir werfen eine Münze, um die Ziffern des Kandidaten eine nach der anderen (etwa in der Binärdarstellung) zu „raten". Dann prüfen wir, ob die erhaltene Zahl tatsächlich ein guter Zeuge ist, indem wir eine einfache Division ausführen. Falls der Kandidat K teilt, haben wir den überzeugenden Beweis dafür, daß K zusammengesetzt ist, genau wie wir es brauchen. Was aber tun wir, wenn bei der Division ein Rest bleibt? Es gibt exponentiell viele Zahlen zwischen 2 und $K - 1$ (nämlich exponentiell in N, der Länge von K). Und selbst wenn wir Vielfache bereits geprüfter Zahlen vermeiden können, bleiben immer noch exponentiell viele Kandidaten, die wir prüfen müssen, wenn wir irgendwann aufhören und K nur mit einer geringen Irrtumswahrscheinlichkeit zur Primzahl erklären wollen.

Einfach ausgedrückt: Es gibt zu viele mögliche Kandidaten für einen Zeugen, und die tatsächlichen Zeugen sind zu dünn gestreut, so daß man sie wie Nadeln in einem großen Heuhaufen suchen müßte.

Um die Zeugen-Idee nutzen zu können, müssen wir eine andere Art von Zeugen für Nichtprimheit finden. Ebenso wie Teiler müssen diese neuen Zeugen unwiderlegbar die Zusammengesetztheit von K darlegen. Doch sie müssen weit dichter verteilt sein, so daß eine zufällige Probe mit größerer Wahrscheinlichkeit einen Zeugen findet, falls es einen gibt. Eine solche Definition von Zeugen wurde tatsächlich entdeckt; sie bildet den Kern der schnellen Primzahltest-Algorithmen. Wir werden diese Zeugen nicht näher beschreiben, aber mit ein paar Worten ihre Wirksamkeit beschreiben.

Einer dieser probabilistischen Primzahltests ist so eingerichtet, daß mehr als die *Hälfte* aller Zahlen zwischen 1 und $K - 1$ Zeugen sind, falls die Eingabezahl K zusammengesetzt ist. Falls Sie also eine Zahl aus diesem Bereich zufällig herausgreifen und diese *kein* Zeuge ist, so können Sie mehr als 50%ig sicher sein, daß K eine Primzahl ist. Denn die Wahrscheinlichkeit, einen Zeugen zu verpassen, falls K zusammengesetzt ist, liegt unter $\frac{1}{2}$. Wenn Sie einen weiteren möglichen Zeugen zufällig auswählen, und falls Sie wieder auf keinen wirklichen Zeugen treffen, so können Sie zu 75% sicher sein, daß K prim ist. Denn da die beiden Zufallsproben unabhängig voneinander ausgewählt wurden, multiplizieren sich die Wahrscheinlichkeiten: Die Wahrscheinlichkeit, einen Zeugen zu verpassen, sinkt unter $\frac{1}{4}$. Bei drei Proben liegt die Wahrscheinlichkeit, einen Zeugen für eine zusammengesetzte Zahl K zu verpassen, bei höchstens $\frac{1}{8}$, und unser Vertrauen in die Primheit von K steigt auf 87,5%. Und so weiter. Wenn wir also R Proben ausführen, liegt die Chance bei 1 zu 2^R, einen Zeugen zu verpassen.[9]

Daraus ergibt sich unmittelbar ein äußerst schneller probabilistischer Test-Algorithmus (Abbildung 5.2 gibt eine schematische Beschreibung). Wählen Sie zufällig beispielsweise 200 Zahlen zwischen 1 und $K - 1$ und testen Sie jede darauf, ob sie ein Zeuge für die Zusammengesetztheit von K ist. Halten Sie an und sagen Sie „nein, K ist keine Primzahl", falls eine davon sich tatsächlich als Zeuge erweist. Halten Sie an und sagen Sie „ja, K ist prim", falls bei allen der Zeugentest versagt. Der Antwort „nein" können wir bei diesem Algorithmus immer trauen, denn ein gültiger Zeuge liefert eine unerschütterliche Einsicht in die Zusammengesetztheit von K. Der Ausgabe „ja" können wir ebenfalls glauben, denn obwohl der Algorithmus falsch liegen *könnte*, sind die Chancen dazu geringer als 1 zu 2^{200}, was unvorstellbar winzig ist.

Wenn wir an die Geschichte mit dem russische Roulette zurückdenken, können wir schließen, daß der Algorithmus für praktische Belange mehr als angemessen ist. Er kann – und sollte! – selbst dann benutzt werden, wenn das Vermögen oder das Leben von Menschen auf dem Spiel steht. Und falls eine solch unglaubliche Wahrschein-

---

[9] Im übrigen kann man sehr effizient testen, ob eine gewählte Zahl wirklich ein Zeuge ist. Da wir aber die technische Definition der Zeugen unterschlagen haben, soll auch darüber nicht mehr gesagt werden.

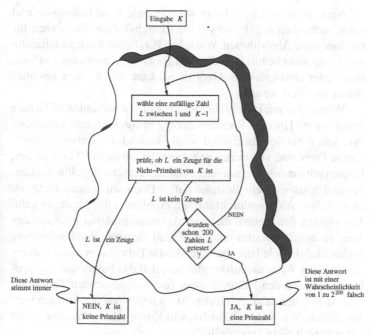

Abb. 5.2. Randomisierter Primzahltest

lichkeit, richtig zu liegen, nicht gut genug ist: Dann verlangen Sie von dem Algorithmus einfach, 201 Kandidaten für einen Zeugen zu testen statt nur 200, womit Sie die Irrtumswahrscheinlichkeit noch einmal halbieren. Oder testen Sie 500 Kandidaten und drücken Sie den möglichen Fehler auf das lächerlich kleine 1 zu 2^{500}. In der Praxis hat es sich erwiesen, daß es für ungefähr 200stellige Zahlen völlig ausreicht, 50 Kandidaten zu testen.

Randomisierung: wird nun alles gut?

Wir wissen nun, daß neben Parallelität auch Randomisierung in der Lage ist, algorithmische Leistungen drastisch zu verbessern. Wunderbar. Können wir also *jetzt* den ganzen Kram mit den schlechten Nachrichten vergessen?

Nein, nicht wirklich. Denn was die pure Berechenbarkeit und Entscheidbarkeit angeht, so gilt die Church-Turing-These auch für randomisierte Algorithmen. Wie schon Parallelität kann auch Randomisierung nicht benutzt werden, um Nicht-Berechenbares zu lösen, denn jeder randomisierte Algorithmus kann durch einen gewöhnlichen simuliert werden.

Wie steht es mit Durchführbarkeit? Können wir undurchführbare Probleme mit Hilfe der Randomisierung zu durchführbaren machen? Wie schon bei der Parallelität weiß niemand die Antwort darauf. Einige Probleme, von denen unbekannt ist, ob sie in PTIME liegen, können mit randomisierten Algorithmen sehr schnell gelöst werden. Primzahltests sind ein Beispiel dafür. Doch wir wissen nicht, ob es auch *beweisbar* undurchführbare Probleme gibt, für die es geht. Von einigen Problemen, die man als undurchführbar im normalen Sinn vermutet, erwartet man auch, daß sie unter Randomisierung undurchführbar bleiben. Dazu gehört das Faktorisieren von Zahlen. Die meisten Wissenschaftler glauben, daß das Faktorisierungsproblem, das nach den Faktoren einer zusammengesetzten Zahl fragt, nicht in polynomialer Zeit lösbar ist – selbst wenn wir Münzen werfen dürfen. Wir werden allerdings in Kürze sehen, daß dies in der Quantenwelt nicht länger gilt.

Schließlich sollten wir noch erwähnen, daß nichts Wesentliches erreicht wird, wenn wir Parallelität und Randomisierung *gleichzeitig* zulassen. Selbst dann beginnen die schlechten Nachrichten der vorherigen Kapitel nicht zu wanken.[10]

---

[10] RP steht für die Klasse **Random-PTIME** derjenigen Probleme, die in polynomialer Zeit lösbar sind durch münzwerfende Algorithmen vom Monte-Carlo-Typ für die „Ja"-Richtung. Genauer gesagt, enthält RP alle Entscheidungsprobleme, für die es eine münzwerfende Polynomialzeit-Turingmaschine mit folgender Eigenschaft gibt: Falls die richtige Antwort für eine Eingabe X „nein" lautet, so antwortet die Maschine mit Wahrscheinlichkeit 1 (also mit Sicherheit) mit „nein". Falls die richtige Antwort „ja" ist, so antwortet sie „ja" mit Wahrscheinlichkeit größer $\frac{1}{2}$. Das Interesse an RP liegt nun natürlich darin, daß diese möglicherweise irrigen Berechnungen viele Male wiederholt werden können und die Irrtumswahrscheinlichkeit dadurch exponentiell schnell sinkt, wie dies

Können Computer den Zufall simulieren?

Eine Sache sollten wir noch ansprechen, nämlich wie Computer dazu gebracht werden, auf faire, unvoreingenommene Weise Münzen zu werfen. Das Problem liegt darin, daß ein realer Computer eigentlich eine völlig deterministische Einheit darstellt: Jede seiner Handlungen kann vorausgesagt werden – zumindest im Prinzip. Folglich können Computer keine wirklichen Zufallszahlen erzeugen und also auch keinen wirklich zufälligen und fairen Münzwurf. Was können wir nun tun?

Wir könnten auf eine physikalische Quelle zurückgreifen. Unser Computer könnte zum Beispiel mit einer kleinen Roboterhand verbunden sein, die aus einem großen Behälter Sand schöpft. Dann könnte er die Sandkörner zählen und „Kopf" festlegen, wenn deren Anzahl gerade ist, „Zahl" andernfalls. Diese Vorgehensweise hat offensichtlich einige Haken. Eine praktischere Vorgehensweise benutzt **Pseudo-Zufallszahlen**. Eine Pseudo-Zufallsfolge von Nullen und Einsen kann man von einer wirklich zufälligen Folge nicht in polynomialer Zeit unterscheiden. Sie ist also *nicht wirklich* zufällig, aber Sie werden nie (d. h. in polynomialer Zeit nicht) in der Lage sein, den Unterschied herauszufinden. Für unsere Zwecke ist dies völlig ausreichend, da es uns nur darum geht, Probleme in polynomialer Zeit zu lösen: Wenn kein Prozeß nach annehmbarer Zeit den

---

oben für den Primzahltest erklärt wurde. RP liegt zwischen PTIME und NP. Auch hier glauben viele Wissenschaftler, daß die Inklusionen echt sind. In Worten ausgedrückt bedeuten diese Vermutungen: (1) Es gibt Probleme, die mit magischem Nicht-Determinismus in vernünftiger Zeit gelöst werden können, ohne daß dies mit Randomisierung ginge. (2) Es gibt Probleme, die mit Randomisierung in vernünftiger Zeit gelöst werden können, aber nicht ohne sie. Wenn wir RP in die formale Zusammenfassung aus Fußnote 4 auf Seite 121 einreihen, erhalten wir:

$$\text{NC} \overset{?}{\subset} \text{PTIME} \overset{?}{\subset} \text{RP} \overset{?}{\subset} \text{NP} \overset{?}{\subset} \text{PSPACE} \ (= \text{Parallel-PTIME})$$

Interessanterweise wissen wir also nicht, ob das Münzenwerfen im Reich der Polynomialzeit über zusätzliche Macht verfügt, oder ob gar magisches Münzenwerfen über noch mehr Macht verfügt.

Unterschied zwischen den Würfen unseres Computers und wirklich zufälligen Würfen ausmachen kann, sind wir gerettet.

Dummerweise wissen wir nicht, ob man Pseudo-Zufallszahlen in polynomialer Zeit erzeugen kann! Computer, auf denen randomisierte Algorithmen laufen, sind tatsächlich mit Zufallszahlengeneratoren verbunden, die sich in der Praxis bewährt haben. Doch ob die von ihnen erzeugten Zahlenfolgen wirklich pseudo-zufällig sind (also von wahrhaft zufälligen Folgen in polynomialer Zeit ununterscheidbar), hängt von Problemen der bislang besprochenen Art ab. Wir sind also in einer seltsamen Situation: Wir wissen nicht nur nicht, ob randomisierte Algorithmen undurchführbare Probleme zu durchführbaren machen können, sondern die dabei benötigte Fähigkeit, Zufallszahlen zu erzeugen, hängt auch von unbekannten Tatsachen über die Natur der Undurchführbarkeit ab. Das klingt zugegebenermaßen sehr merkwürdig, nichtsdestotrotz ist es wahr.

Quantencomputer

Worum geht es bei dem modischen Gerede über Quantencomputer?

Dies ist ein kompliziertes und tiefgehendes Thema, das im Stil dieses Buches schwierig zu beschreiben ist. Es gründet auf der Quantenmechanik, einem bemerkenswerten Gebiet der modernen Physik, das leider schwer faßbar ist und oft der allgemeinen Vorstellung widerspricht. Man braucht eine ganze Menge Mathematik, um zu erklären, was da passiert: Bodenständiger, gesunder Menschenverstand wird in der Quantenwelt leichter zu einem Verständnishindernis als zu einer Hilfe. Die nachfolgenden Abschnitte verstehen sich daher mehr als ein Herumstreifen auf hohem Niveau denn als ein sorgfältiger Versuch einer verantwortungsvollen Darstellung. Ich bitte dafür um Entschuldigung (und biete dem neugierigen, mathematisch versierten Leser einige Literaturhinweise auf Übersichtsartikel[11]).

---

[11] C. P. Williams, S. H. Clearwater *Explorations in Quantum Computing*, Springer-Verlag, New York 1998; D. Aharonov „Quantum Computation", *Annual Reviews of Computational Physics VI*, 1998;

Doch gibt es auch eine Sonnenseite: nämlich eine Chance – wenn auch zum derzeitigen Zeitpunkt eine geringe Chance –, daß Quantencomputer für das Thema unseres Buches gute Nachrichten bringen. Wie, warum und wann: Diesen Fragen werden wir uns zuwenden, wenn auch nur sehr kurz und sehr oberflächlich.

Ein Hauptaspekt der Quantenphysik liegt in ihrer Fähigkeit, gewisse Phänomene in Experimenten mit Elementarteilchen zu erklären, an denen die klassische Physik zu versagen scheint. Zwei der Hauptattraktionen der Quantenwelt sind – sehr formlos ausgedrückt – folgende: Einerseits kann man ein Teilchen nicht mehr so betrachten, als befände es sich zu einer bestimmten Zeit an einer einzigen Stelle im Raum; andererseits kann sich der Zustand eines Teilchens (einschließlich seines Ortes) allein durch Beobachtung verändern. Die erste klingt nach einer guten Nachricht für die Berechenbarkeit: Könnten wir nicht die Eigenschaft, an mehreren Orten gleichzeitig zu sein, für eine umfangreiche Parallelität in einer Berechnung verwenden? Die zweite dagegen klingt nach einer schlechten Nachricht: Wenn man versucht, einen Wert während einer Berechnung zu „sehen" oder zu „berühren", also etwa einen Vergleich auszuführen oder Daten zu aktualisieren, so kann dies den Wert in unvorhersehbarer Weise ändern!

Die Idee der Quantencomputer wurzelt in frühen Arbeiten von Bennett und Benioff; aber Richard Feynman wird als derjenige betrachtet, der sie 1982 zum ersten Mal aufgebracht hat. Darauf folgte ein detaillierterer Vorschlag von David Deutsch.[12] Der Ansporn lag

---

A. Berthiaume „Quantum Computation" in: Hemaspaandra, Selman (Hrsg.) *Complexity Theory Retrospective II*, Springer-Verlag, New York 1997, S. 23–51; M. Hirvensalo „An introduction to quantum computation", *Bull. Europ. Assoc. for Theor. Comp. Sci.* **66**, Oktober 1998, S. 100–121.

[12] C. Bennett „Logical Reversibility of Computation", *IBM J. Research and Development* **17** (1973), S. 525–532; P. Benioff „The Computer as a Physical System: A Microscopic Quantum Mechanical Hamiltonian Model of Computers as Represented by Turing Machines", *J. Stat. Phys.* **22** (1980), S. 563–591; R. Feynman „Quantum Mechanical Computers", *Optics News* **11** (1985), S. 11–20; D. Deutsch „Quantum Theory, the

in folgender Idee: Könnte man einen Computer bauen, der gemäß den Gesetzen der Quantenphysik statt der klassischen Physik arbeitet, so wäre vielleicht bei manchen Berechnungen eine exponentielle Beschleunigung möglich.

Ein Quantencomputer baut, wie ein klassischer Computer, auf einem Element mit endlichen vielen Zuständen auf, analog zum klassischen Bit mit seinen 2 Zuständen. Das Quanten-Analogon eines Bits nennen wir ein **Q-Bit** (*qubit*); es kann auf verschiedene Arten physikalisch verbildlicht werden: durch die Polarisierungsrichtung eines Photons (horizontal oder vertikal), durch den Spin eines Elementarteilchens (eine spezielle zweiwertige quantentheoretische Größe) oder durch das Energieniveau eines Atoms (Grundzustand oder angeregter Zustand). Die zwei sogenannten **Basiszustände** eines Q-Bits, analog zu 0 und 1 eines gewöhnlichen Bits, werden $|0\rangle$ und $|1\rangle$ geschrieben. Dagegen haben wir in dem Quantensystem *keinen* einfachen deterministischen Begriff davon, ob sich ein Q-Bit in dem einem Basiszustand oder dem anderen befindet. Vielmehr ist sein Zustand des Seins oder Nichtseins unbestimmt: Wir können über den Zustand eines Q-Bits lediglich aussagen, daß er beide Basiszustände gleichzeitig annimmt, jeden mit einer bestimmten „Wahrscheinlichkeit". (Sollten wir dies „*qube or not qube* – Q-Sein oder nicht Q-Sein" nennen?) Doch um die Lage für normale Sterbliche noch mehr zu verwirren: Es handelt sich hierbei nicht um übliche positive Wahrscheinlichkeiten, wie sich im Zustand $|0\rangle$ mit Wahrscheinlichkeit $\frac{1}{4}$ und im Zustand $|1\rangle$ mit Wahrscheinlichkeit $\frac{3}{4}$ zu befinden. Diese „Wahrscheinlichkeiten" können negativ und sogar imaginär sein (also komplexe Zahlen, bei denen Wurzeln aus negativen Zahlen ins Spiel kommen). Die Kombination, die sich daraus ergibt, wird eine **Superposition** (Überlagerung) genannt. Sobald wir uns ein Q-Bit „anschauen", d. h. eine Messung durchführen, entscheidet es sich plötzlich, in dem einen oder dem anderen Basiszustand zu sein: Die Wahrscheinlichkeiten verschwinden, und die

Church-Turing Principle, and the Universal Quantum Computer", *Proc. R. Soc. London* **A400** (1985), S. 97–117.

Superposition ist vergessen.[13] Diese Art „erzwungener Diskretheit" führt zu der Vorsilbe „Quanten-".

Soviel zu einem einzelnen Q-Bit. Was passiert nun mit vielen Q-Bits nebeneinander, wie wir sie als Grundlage für wahre Quantenrechnung brauchen? Wie werden die Zustände mehrerer Q-Bits miteinander verknüpft, um einen zusammengesetzten Zustand des Gesamtrechners zu erhalten? Im klassischen Fall ermöglichen N Bits, von denen jedes in den zwei Zuständen 0 oder 1 sein kann, genau 2^N zusammengesetzte Zustände. In der Quantenwelt der Q-Bits fangen wir ebenfalls mit 2^N zusammengesetzten Zuständen an, die aus den Basiszuständen von N Q-Bits aufgebaut werden. (Im Falle von zwei Q-Bits werden die vier zusammengesetzten Zustände mit $|00\rangle$, $|01\rangle$, $|10\rangle$ und $|11\rangle$ bezeichnet). Diese kombinieren wir dann mit komplexen Zahlen, wie wir es bei einem einzelnen Q-Bit getan haben. Allerdings führt die Art, wie diese Kombinationen definiert sind, hier zu einer weiteren, entscheidenden Verwicklung. Diese wird treffend als **Verschränkung** bezeichnet. Einige Kombinationen setzen sich sauber aus den Zuständen der ursprünglichen Q-Bits zusammen, mit Hilfe einer Operation, die „Tensorprodukt" heißt. Für andere gilt dies nicht: Sie sind verschränkt. Verschränkte Q-Bits (ein Ausdruck mit einer präzisen mathematischen Bedeutung) stellen einen Mischmasch der ursprünglichen Q-Bits dar, welcher in sich nicht trennbar ist. Sie besitzen die unheimliche Eigenschaft der unmittelbaren Kommunikation: Wenn man von zwei verschränkten Q-Bits eines beobachtet und dadurch in einen Basiszustand zwingt, so bewirkt dies, daß das andere augenblicklich in den dualen Basiszustand versetzt wird – gleichgültig, wie weit sie von einander entfernt sind. Die Verschränkung bildet eines der grundlegenden und unumgänglichen Konzepte in der Quantencomputerei. Leider liegt es außerhalb der Reichweite dieses Buches, ihre technischen Seiten und die Art, wie sie in den Berechnungen genutzt wird, weiter zu beschreiben.

---

[13] Genauer gesagt handelt es sich bei einer Superposition um eine komplexe Linearkombination der Länge 1 aus beiden Basiszuständen. Die Koeffizienten sind also zwei komplexe Zahlen c_0 und c_1 mit $|c_0|^2 + |c_1|^2 = 1$. Nach der Messung werden wir $|0\rangle$ mit Wahrscheinlichkeit $|c_0|^2$ „sehen" und $|1\rangle$ mit Wahrscheinlichkeit $|c_1|^2$.

Quantenalgorithmen

Was kann man nun mit Quantenrechnung erreichen?

Ein paar Tatsachen müssen zu Beginn erwähnt werden. Zunächst beinhaltet Quantenberechenbarkeit die klassische Berechenbarkeit. Falls also einmal ein Quantencomputer gebaut wird, so kann er klassische Berechnungen ohne wesentlichen Zeitverlust nachbilden. Sodann gilt umgekehrt die zunächst schwächere Aussage, daß auch ein klassischer Computer einen Quantencomputer simulieren kann, wobei allerdings ein exponentieller Zeitverlust auftreten könnte. Die Möglichkeit dieser Simulation bedeutet, daß Quantenrechner die Church-Turing-These nicht zerstören können: Berechenbarkeit bleibt auch in der Welt der Quantencomputer erhalten. Falls Quantencomputer eines Tages gebaut werden, so wird man mit ihnen keine Probleme lösen können, die man ohne sie nicht lösen konnte.

Nachdem dies gesagt ist, bleibt die große Frage, ob der exponentielle Zeitverlust in der zweiten Aussage tatsächlich unüberwindbar ist. Ebenso wie wir es für Parallelität und Randomisierung getan haben, fragen wir also nach beweisbar undurchführbaren Problemen, die in der Quantenwelt durchführbar werden. Gibt es ein Problem mit einem polynomialen Quantenalgorithmus, das aber eine exponentielle untere Zeitschranke im klassischen Berechnungsmodell aufweist?[14]

Ungeachtet der technologischen Schwierigkeiten, einen Quantencomputer tatsächlich zu bauen, und ungeachtet von Komplexitätsbetrachtungen gibt es schon einige äußerst aufregende Entwicklungen in der Quantenalgorithmik. Hier kommen ein paar Glanzpunkte.

David Deutsch hat gezeigt, wie man Quanten-Parallelität erreicht. Dabei wird eine Superposition der Eingaben benutzt, um eine

---

[14] Wenn wir QP für **Quanten-PTIME** schreiben, so ergeben sich analog zu früheren Fußnoten die offenen Fragen:

$$\text{PTIME} \overset{?}{\subset} \text{RP} \overset{?}{\subset} \text{QP} \overset{?}{\subset} \text{PSPACE} \ (= \text{Parallel-PTIME})$$

„Gute Quanten-Zeit" liegt also ungefähr an der gleichen Stelle wie NP zwischen guter randomisierter Zeit und gutem Speicherplatz. Leider wissen wir auch hier nicht, ob eine der Inklusionen echt ist.

Superposition der Ausgaben zu erreichen.[15] Obwohl dies so aussieht, als könne man eine ganze Menge Sachen gleichzeitig ausrechnen, kann man doch die Ausgaben nicht so einfach trennen und aus ihrer Superposition ablesen. Jeder Versuch, sie zu lesen bzw. zu messen, wird nur eine *einzelne* Ausgabe erzeugen und den Rest einfach verlieren. Man braucht kluge Algorithmen, die gemeinsame Eigenschaften *aller* Ausgaben berechnen und damit arbeiten. Beispiele solcher Eigenschaften könnten gewisse arithmetische Berechnungen aus numerischen Ausgaben enthalten oder „Und"- bzw. „Oder"-Verknüpfungen logischer Ja-/Nein-Ausgaben.[16]

Danach entdeckte Grover einen ziemlich erstaunlichen Quantenalgorithmus zum Suchen in einer ungeordneten Liste, etwa in einer großen Datenbank. Anstelle von ungefähr N Operationen, findet er einen Eintrag mit nur $\sqrt{N}$ vielen Operationen. Dies widerspricht der Intuition und ist fast paradox, denn es scheint ja notwendig, daß man alle N Einträge *anschaut*, um festzustellen, ob der gesuchte Eintrag überhaupt vorhanden ist.[17]

Die große Überraschung und der bisherige Höhepunkt der Quantenalgorithmik ist jedoch Peter Shors Faktorisierungsalgorithmus. Wir haben das Faktorisierungsproblem bereits mehrfach in diesem Buch erwähnt. Seine Bedeutung als zentrales algorithmisches Problem steht außer Frage. Wie wir gesehen haben, wurde das Faktorisierungsproblem noch nicht als undurchführbar im üblichen Sinn

---

[15] D. Deutsch „Quantum Theory, the Church-Turing Principle, and the Universal Quantum Computer", *Proc. R. Soc. London* **A400** (1985), S. 97–117.

[16] Es gibt jedoch Ergebnisse, die unverrückbare Grenzen dieser Möglichkeiten aufzeigen. Während mit Quantenparallelität oft bedeutsame Gewinne an Effizienz zu verbuchen sind, kann sie nicht jede beliebige gewünschte gemeinsame Eigenschaft liefern. Siehe R. Josza „Characterizing Classes of Functions Computable by Quantum Parallelism", *Proc. R. Soc. London* **A435** (1991), S. 563–574.

[17] L. Grover „A Fast Quantum Mechanical Algorithm for Database Search", *Proc. 28th Ann. ACM Symp. on Theory of Computing* 1996, S. 212–219. Diese Technik erlaubt ähnliche quadratische Beschleunigungen für alle Probleme in NP.

erwiesen. Mit anderen Worten: Man weiß nicht, ob es in PTIME liegt. Daher ist es für uns ein schwieriges Problem, und in Kapitel 6 werden wir sehen, daß dies eine entscheidende Rolle in der Kryptographie spielt. So entscheidend, daß ein wesentlicher Teil der Stützmauern der modernen Kryptographie einbräche, wenn ein effizienter Faktorisierungsalgorithmus verfügbar wäre. Vor diesem Hintergrund muß man die Bedeutung von Shors Arbeit sehen, die einen polynomialen Quantenalgorithmus für das Problem liefert.[18]

Um die Subtilität der Quantenfaktorisierung zu schätzen, betrachten wir zunächst den naiven Algorithmus, der die Faktoren einer Zahl N durch Versuch und Irrtum findet, indem er alle Paare möglicher Faktoren durchgeht, sie miteinander multipliziert und das Produkt mit N vergleicht. Warum sollten wir nicht in der Lage sein, dazu breitgefächerte Quantenparallelität auszunutzen? Wir könnten Quantenvariablen benutzen, die eine Superposition aller Faktorenkandidaten beinhalten. Dann könnten wir, im besten Quanten-Sinn, alle Produkte von Paaren dieser Zahlen gleichzeitig berechnen und anschließend prüfen, ob ein Paar das richtige Ergebnis liefert. Leider kann dies so nicht funktionieren, denn wenn man diese unglaublich überlagerte Ausgabe anschaut – also eine Messung daran ausführt –, würde sie nicht mehr viel sagen. Vielleicht stoßen wir zufällig auf eine Faktorisierung, aber wir könnten ebensogut auf eines der vielen von N verschiedenen Produkte treffen. Und wie wir bereits erwähnt haben: Sobald einmal gemessen wurde, erhält man nur dieses eine Ergebnis und der Rest ist verloren. Es ist also nicht genug, einfach nur jede Menge an Information zu vermischen.

Es stellt sich heraus, daß man die Dinge so einrichten muß, daß eine gewisse **Interferenz** auftritt. Dies ist ein Quantenkonzept: Die möglichen Lösungen „bekämpfen" sich gegenseitig auf subtile Weise, um die Vorherrschaft zu erlangen. Die schlechten Lösungen (in unserem Falle Paare von Zahlen, deren Produkt nicht gleich N

---

[18] P. Shor „Algorithms for Quantum Computation: Discrete Logarithms and Factoring", *Proc. 35th Ann. Symp. on Found. Comp. Sci.* (1994), S. 124–134; P. Shor *SIAM J. Comp.* **26**:5 (1997), S. 1484. Shors Arbeit beruht auf D. Simon „On the Power of Quantum Computation", *Proc. 35th Ann. IEEE Symp. on Found. Comp. Sci.* (1994), S. 116–123, 1994.

ist) zerstören sich gegenseitig in der Superposition (*destruktive* Interferenz), während die guten Lösungen (deren Produkt N ergibt), in *konstruktive* Interferenz eintreten. Die Ergebnisse dieses Kampfes zeigen sich in der Ausgabe als unterschiedliche Amplituden. Bei der Messung der Ausgabe erhalten die guten Lösungen dadurch eine bessere Chance, sich zu zeigen. Übrigens sind es die negativen Zahlen in der Definition einer Superposition, welche diese Art von Interferenz in einem Quantenalgorithmus ermöglichen.

All dies ist leichter gesagt als getan. An dieser Stelle der Quantenrechnung wird die Mathematik kompliziert und übersteigt den Rahmen und das Niveau unserer Darstellung. Wir können lediglich sagen, daß die rechte Art der Verschränkung für das Faktorisieren gefunden wurde. Der Algorithmus ist ziemlich bemerkenswert, sowohl in seiner Technik als auch, wie wir noch sehen werden, in seinen Auswirkungen.[19]

Dieser Algorithmus hat aus zwei Gründen (noch) nicht ein undurchführbares Problem in ein durchführbares verwandelt: Einen haben wir bereits mehrfach erwähnt; den anderen angedeutet, aber wir werden gleich näher darauf eingehen. Zum einen ist *nicht* bekannt, ob Faktorisieren ein undurchführbares Problem ist. Wir haben nur bislang noch keinen Polynomialzeit-Algorithmus dafür gefunden. Allgemein wird *vermutet*, daß es ein schwieriges Problem ist, aber wir wissen es nicht mit Sicherheit. Zweitens hat noch niemand einen Quantencomputer gebaut, auf dem man Shors Algorithmus implementieren könnte.

Kann es Quantencomputer geben?

Bei dem Konzept der Parallelität hatten wir eine mangelnde Übereinstimmung zwischen bestehenden Parallelalgorithmen und den dafür

---

[19] Seine Zeitleistung ist grob kubisch, also nicht viel mehr als M^3, wobei M die Anzahl der Ziffern der Eingabezahl N ist. Für den technisch interessierteren Leser: Shor fand eine effiziente Quantenmethode, um die Ordnung einer Zahl Y modulo N zu berechnen, also die kleinste Zahl a zu finden, für die $Y^a = 1 \bmod N$ gilt. Man weiß, daß dies ausreicht, um schnelles Faktorisieren zu ermöglichen. Der Rest der Arbeit wird dann mit üblichen Algorithmen getan.

gebauten Parallelrechnern festgestellt. Um effizient implementiert zu werden, bräuchten viele der bekannten Algorithmen eine noch nicht entwickelte Hardware; und umgekehrt muß die Theorie der Parallelalgorithmen erst zu dem aufschließen, was die verfügbare Hardware zu leisten in der Lage ist.

Im Reiche der Quantencomputer ist die Situation weniger symmetrisch. Wir verfügen über einige nette Quantenalgorithmen, aber über keinerlei Rechner, auf denen sie laufen könnten.

Warum nicht? Wieder geht es um technische Fragen; diesmal verhindert aber nicht die Mathematik eine eingehende Darstellung, sondern die Physik. Wir werden also wiederum nur eine kurze Beschreibung liefern, und der interessierte Leser kann weitere Information in anderen Quellen suchen.[20]

Während dieses Buch geschrieben wurde (genauer: während der Fahnenkorrektur Anfang 2000), bestand der größte tatsächlich gebaute „Quantenrechner" aus nur sieben Q-Bits. Dies ist kein Druckfehler: *sieben Q-Bits*. Wo liegt das Problem? Warum können wir das nicht einfach hochschrauben?

Obwohl die Quantenalgorithmen (auch der Algorithmus von Shor) so entworfen sind, daß sie nach den strengen und weithin akzeptierten Prinzipien der Quantenphysik arbeiten, gibt es doch ernsthafte technische Probleme, einen Quantencomputer wirklich zu bauen. Die Experimentalphysiker haben es noch nicht geschafft, selbst eine kleine Anzahl von Q-Bits (sagen wir 20) zusammenzubringen und in einer akzeptablen Weise zu kontrollieren. Die Schwierigkeiten scheinen heutige Labortechniken zu übersteigen. Ein besonders unangenehmes Problem ist die **Dekohärenz**: Selbst wenn man eine gehörige Anzahl an Q-Bits versammelt und dazu bringt, sich untereinander wie gewünscht zu verhalten, hat immer noch die nahe Umgebung des Quantensystems die unangenehme Angewohnheit, es zu beeinflussen. Das Quantenverhalten von

---

[20] D. P. DiVincenzo „Quantum Computation", *Science* **270** (1995), S. 255–261; A. Berthiaume „Quantum Computation" in: Hemaspaandra, Selman (Hrsg.) *Complexity Theory Retrospective II*, Springer-Verlag, New York 1997, S. 23–51; C. P. Williams, S. H. Clearwater *Explorations in Quantum Computing*, Springer-Verlag, New York 1998.

allem, was den Quantencomputer umgibt – das Gehäuse, die Wände, die Personen, die Tastatur, wirklich *alles*! –, kann die heikle Einrichtung von konstruktiven und destruktiven Interferenzen innerhalb der Quantenberechnung verwirren. Selbst ein einzelnes Elektron kann das Interferenzmuster unangenehm beeinträchtigen, welches für die korrekte Ausführung des Algorithmus so entscheidend ist – zum Beispiel könnte es sich mit den Q-Bits verschränken, die an der Berechnung beteiligt sind. Dann könnte die erwünschte Superposition zerstört werden.

Der Computer muß also schonungslos von der Umgebung abgeschottet werden. Aber er muß andererseits auch Eingaben empfangen und eine Ausgabe abliefern, und sein Berechnungsprozeß muß vielleicht von irgendwelchen äußeren Elementen kontrolliert werden. Diese sich widersprechenden Anforderungen müssen irgendwie in Einklang gebracht werden.

Wie groß brauchen wir unseren Quantencomputer? Einige kleine Quantenprogramme benötigen nur ungefähr 15 bis 20 Q-Bits, und selbst Shors Algorithmus braucht nur ein paar Tausend Q-Bits, um für Anwendungen brauchbar zu sein. Aber da die Experimentalphysiker derzeit gerade mal mit sechs oder sieben Q-Bits zurecht kommen, und selbst das nur unter *größten* Schwierigkeiten, sind viele Leute pessimistisch. Ein wirklicher Durchbruch wird für die nächste Zeit nicht erwartet. Andererseits hat die Erregung über das Thema bereits zu einem Wirbel neuer Ideen und Vorschläge geführt, die von komplizierten Laborexperimenten begleitet werden, so daß wir in naher Zukunft bestimmt interessante Fortschritte sehen werden.

Zusammenfassend stellt Shors Algorithmus in jeder Hinsicht einen bedeutenden Fortschritt dar. Im Augenblick muß er allerdings in den Vorratsschrank verbannt werden, und wahrscheinlich wird er dort für lange Zeit ausharren müssen.

Die Undurchführbarkeit ist noch nicht geschlagen.

Molekularcomputer

Zum Abschluß all dieser Versuche, die schlechten Nachrichten zu lindern, wollen wir einen weiteren erwähnen: **Molekularcomputer**, auch **Bio-Computer** oder **DNS-Computer** genannt.

Die grundlegende Vorgehensweise wurde zuerst von Len Adleman 1994 dargelegt:[21] In einer sorgsam zusammengebrauten Molekül-„Suppe" soll die Berechnung gleichsam von selbst erfolgen, indem diese Moleküle miteinander spielen, sich aufspalten oder zusammengehen und verschmelzen. Man bringt also Milliarden oder gar Billionen von Molekülen dazu, ein schwieriges Problem durch pure Kraftanstrengung zu lösen, indem man alles so klug ausheckt, daß die spezielle Fälle, die Lösungen des Problems mit sich bringen, am Ende isoliert und identifiziert werden können.

In dem Experiment, das Adleman tatsächlich ausführte, brachte er Moleküle dazu, eine kleine Instanz des Problems Hamiltonscher Pfade zu lösen. Dieses Problem entspricht dem Problem des Handlungsreisenden mit konstanten Abständen zwischen allen Städten. Später wurde gezeigt, daß andere Probleme – im wesentlichen alle Probleme aus NP – ähnlichen Techniken zugänglich sind.[22]

Daß die Natur dazu gebracht werden kann, alltägliche Probleme auf einer molekularen Ebene und im wesentlichen von selbst zu lösen, ist ziemlich erstaunlich. Während Adlemans ursprüngliches Experiment für eine 7-Städte-Instanz im Labor fast eine Woche benötigte, konnten es andere später mit weniger Aufwand viel schneller lösen, und für weit größere Instanzen (50 bis 60 Städte). Wenn sich erst einmal molekularbiologische Forschungslaboratorien solchen Arbeiten widmen, könnte dies den Prozeß erheblich

---

[21] L. M. Adleman „Molecular Computation of Solutions to Combinatorial Problems", *Science* **266** (1994), S. 1021–1024.

[22] R. J. Lipton „DNA Solution of Hard Computational Problems", *Science* **268** (1994), S. 542–545; L. M. Adleman „Computing with DNA", *Scientific American* **279**:2 (1998), S. 34–41.

Ein neueres Buch über diese Gebiet ist G. Păun, G. Rozenberg, A. Salomaa, *DNA Computing*, Springer-Verlag 1998.

Übersichtsartikel findet man in S. A. Kurtz, S. R. Mahaney, J. S. Royer, J. Simon „Biological Computing", in: Hemaspaandra, Selman (Hrsg.) *Complexity Theory Retrospective II*, Springer-Verlag, New York 1997, S. 179–195; L. Kari „DNA computing: The arrival of biological mathematics", *The Mathematical Intelligencer* **19**:2 (1997), S. 9–22.

beschleunigen. Tatsächlich ist eine ganze Menge Arbeit in Gange, um die Techniken auszubauen.

Von einem puristischen Standpunkt aus spiegeln diese Verfahren lediglich die üblichen Parallelalgorithmen wider: Im Prinzip ist die Zeitkomplexität dieser Molekular-Algorithmen polynomial wegen der hochgradigen Parallelität in der Molekülsuppe, doch die Anzahl der im Prozeß verwendeten Moleküle steigt exponentiell. Andererseits bietet DNS mit seiner unglaublichen Informationsdichte einen beachtlichen Vorteil. Einige Ergebnisse zeigen, daß der Energieverbrauch eines DNS-Rechners eine Milliarde Mal geringer liegen kann als der eines elektronischen Rechners, welcher dieselbe Arbeit tut. Daten kann er zudem mit einem eine Billion Mal geringeren Raumbedarf speichern.[23]

Wie dem auch sei, Molekularrechner bilden einen weiteren aufregenden Forschungsbereich, beflügeln die Fantasie und fesseln die Energie vieler begabter Informatiker und Biologen. Wir werden bestimmt eine ganze Menge aufregender Arbeiten erleben, und einige Probleme könnten für vernünftige Eingabegrößen tatsächlich lösbar werden. Trotzdem muß daran erinnert werden, daß auch Molekularrechner nicht die Nicht-Berechenbarkeit aus dem Weg räumen können, und man erwartet nicht, daß sie die schmerzhaften Auswirkungen der Undurchführbarkeit beseitigen werden.

Damit ist unsere Beschreibung der schlechten Nachrichten der Algorithmik zu Ende. Wenn wir den schwachen Hoffnungsschimmer der Quanten- und Molekularcomputer außer Acht lassen, könnte eine Zusammenfassung der Kapitel 2 bis 5 so aussehen:

Was wir mit Sicherheit wissen, ist bereits schlimm genug.

Die Antworten auf die offenen Fragen
könnten die Sache etwas besser machen,
wahrscheinlich aber machen sie sie viel schlimmer.

Aber wirklich frustrierend
ist die Unsicherheit, nicht wirklich zu wissen.

---

[23] E. Baum „Building an associative memory vastly larger than the brain", *Science* **268** (April 1995), S. 583–585.

6 Schlechtes in Gutes verwandeln

Dieses Kapitel ist der Kryptographie (Verschlüsselungslehre) gewidmet. Sie stellt eines der interessantesten Anwendungsgebiete der Algorithmik dar und bildet für Forscher eine herrliche Quelle an Herausforderungen.

Computer werden zunehmend benutzt, um Daten zu speichern, zu bearbeiten, zu erzeugen oder zu übermitteln. Davon sind auch kritische und heikle Informationen betroffen, zum Beispiel Handelsverträge, Militär- und Geheimdienstberichte, Geschäftsprotokolle und Vertrauliches oder Persönliches wie Kreditkartennummern, medizinische oder finanzielle Daten. In solche Fällen wird das Belauschen, Stehlen oder Fälschen von Daten zu einem akuten Problem. Folglich benötigen wir umfassende Verschlüsselungsmethoden, um die Informationsübertragung sicher und verläßlich zu gestalten.

Der modernen Kryptographie kommt in Hinblick auf dieses Buch eine besondere Bedeutung zu, und zwar wegen eines äußerst ungewöhnlichen und bemerkenswerten Aspekts: Sie nutzt nämlich geistreich und unverfroren die schlechten Nachrichten der Berechenbarkeitstheorie aus! Dies ist überraschend. Es klingt zunächst, als sei es unmöglich, und findet tatsächlich wenig Vergleichbares in anderen Bereichen menschlicher Tätigkeit: Wie kann man die Unmöglichkeit einer Sache ausnutzen, um etwas zu ermöglichen, das sonst unmöglich wäre? Wenn wir darüber nachdenken, sollten wir doch nicht erwarten, daß irgend etwas Wertvolles aus den negativen Ergebnissen der Algorithmik erwächst! Außer daß man Menschen davon abhält, ihre Zeit auf unlösbare Probleme zu verschwenden ... Dennoch spielen Probleme, für die wir keine guten Lösungen gefunden haben, eine entscheidende Rolle – und wenn sie doch gute Lösungen besitzen sollten, kommen wir in Schwierigkeiten.

No news is good news – keine Nachrichten bedeutet gute Nachrichten, sagt ein Sprichwort. Manchmal können auch *schlechte* Nachrichten gute Nachrichten sein, wie dieses Kapitel zeigt.

Klassische Kryptographie

Die grundlegenden Tätigkeiten in der Kryptographie bestehen im Verschlüsseln und Entschlüsseln, auch Chiffrieren oder Kodieren bzw. Dechiffrieren oder Dekodieren genannt. Wir wollen eine Nachricht so verschlüsseln können, daß der Empfänger sie entschlüsseln kann, nicht aber ein Lauscher. Zum Beispiel könnte ein General seinem untergebenen Oberst befehlen wollen, bei Morgengrauen anzugreifen, ohne daß der Feind die Nachricht abfangen und dechiffrieren kann.

In diesem Szenario geht es um mehr als nur um Geheimhaltung und Verteidigung gegen Lauscher. Falls der Angriff unternommen wird und fehlschlägt, mag der Oberst vielleicht dem General die Schuld zuschieben und behaupten, dieser habe schlechte Befehle erteilt. Oder der General verleugnet die Verantwortung und behauptet, er habe die Nachricht gar nicht gesendet (er könnte vorgeben, der Feind habe es getan, um in einen Hinterhalt zu locken, oder der Oberst habe die Nachricht aus irgendeinem Grund gefälscht). Also müssen die Nachrichten von dem Sender irgendwie „unterschrieben" werden. Denn dann ist all dies nicht mehr möglich: (1) Der Empfänger kann sicher sein, daß allein der Sender die Nachricht geschickt hat; (2) der Sender kann später nicht mehr abstreiten, sie geschickt zu haben; (3) der Empfänger kann die signierte Nachricht nach ihrem Empfang nicht mehr fälschen und stattdessen eine andere Nachricht in des Senders Namen ausstellen, nicht einmal eine Kopie der Originalnachricht. Die Möglichkeit zur Unterschrift erschwert noch die Verschlüsselungsfrage, sie ist aber in vielen kryptographischen Anwendungen entscheidend, etwa bei militärischer Kommunikation, Geldüberweisungen oder Geschäftsabschlüssen.

Gewöhnliche Verschlüsselungssysteme bauen auf **Schlüsseln** auf. Ein Schlüssel wird benutzt, um eine Nachricht N – manchmal **Klartext** genannt – in seine verschlüsselte Form N^* zu übersetzen – **Schlüsseltext**, **Geheimtext** oder **Chiffre** genannt. Bezeichnen wir den allgemeinen Verschlüsselungsprozeß mit Verschl und den entsprechenden Entschlüsselungsprozeß mit Entschl, so gilt:

$$N^* = \text{Verschl}(N) \quad \text{und} \quad N = \text{Entschl}(N^*)$$

In Worten: die verschlüsselte Version N^* erhält man, indem man auf N den Prozeß Verschl anwendet. Umgekehrt gewinnt man das ursprüngliche N aus N^* durch den Prozeß Entschl.

Wie sieht ein Schlüssel aus? Ein einfaches Beispiel hat wahrscheinlich jeder als Kind benutzt: Man wählt eine Zahl K zwischen 1 und 25, die dem Sender und dem Empfänger bekannt ist. Der Verschl-Prozeß ersetzt nun jeden Buchstaben durch den im Alphabet K Stellen weiter hinten stehenden. Dafür wird das Alphabet wie ein Ring aufgefaßt: auf Z folgt wieder A. Zum Beispiel wird *My Fair Lady*, falls $K = 6$ ist, zu *Se Lgox Rgje*. Hübsch, nicht wahr? Umgekehrt ersetzt der Entschl-Prozeß jeden Buchstaben durch den K Stellen weiter vorne stehenden. Man nennt Verschl und Entschl „zueinander dual": Entschl macht die Wirkung von Verschl rückgängig und umgekehrt.

Diese einfache Vorgehensweise kann durch den Vergleich mit einer verschließbaren Kiste veranschaulicht werden: Um geheime Nachrichten mit einem Freund auszutauschen, stellen Sie erst eine mit einem Riegel versehene Kiste auf. Dann kaufen Sie ein Vorhängeschloß und zwei (identische) Schlüssel dafür, einen für Ihren Freund und einen für sich selbst. Zum Senden schließen Sie nun eine Nachricht mit Hilfe Ihres Schlüssels in die Kiste ein und verschicken diese an den Empfänger. Ohne einen Schlüssel kann auf dem Weg dahin niemand die Nachricht lesen. Und da es nur zwei Schlüssel gibt, die jeweils von dem Sender und dem Empfänger verwahrt werden, ist das System sicher.

Diese Vorgehensweise hat mehrere Haken. Zum einen müssen die beiden Parteien in der Auswahl und der sicheren Verteilung der Schlüssel zusammenarbeiten: Entweder müssen sie zusammen das Schloß und die Schlüssel kaufen, oder einer muß einen Weg finden, um dem andern den zweiten Schlüssel sicher und geschützt zu übergeben. Wenn wir den Vergleich für einen Augenblick fallenlassen und zur Kommunikation per Computer zurückkehren, so bedeutet dies folgendes: Um einen sicheren Kanal aufbauen zu können, müssen wir zunächst etwas über einen sicheren Kanal senden. Das klingt lächerlich. Wir dürfen unser Computernetzwerk nicht zum Übertragen der Schlüssel benutzen, solange das kryptographische System noch nicht installiert ist, denn ein Lauscher könnte die Übertragung abfangen und dadurch das ganze Unterfangen scheitern lassen. Außerdem kommen in den meisten Anwendungen mehr als zwei und weit voneinander entfernt wohnende Parteien vor. Denken Sie nur an Kreditkartennummern, die über das Internet verschickt werden sollen. Um hier eine private Verständigung zwischen allen Partnern zu ermöglichen, bräuchten wir für jedes einzelne Paar verschiedene Schlüssel! In solch einem Fall kann man es auch vergessen, die Schlüssel durch speziell geschützte Kurierdienste persönlich übergeben zu wollen.

Der zweite gravierende Nachteil dieser naiven Verschlüsselungsmethode besteht darin, daß sie sich überhaupt nicht um die Unterschriftsproblematik kümmert. Wenn es nicht um freundschaftlichen Austausch geht, sondern etwa um Geheimverhandlungen zwischen großen Unternehmen, können allerlei häßliche Dinge geschehen. Der Empfänger könnte dem Sender gefälschte Nachrichten unterschieben, der Sender könnte tatsächlich geschickte Nachrichten verleugnen und so weiter. Die Möglichkeit, Nachrichten zu unterzeichnen, ist daher von höchster Bedeutung.

Public-Key-Kryptographie

1976 schlugen Diffie und Hellman ein völlig neues Verschlüsselungsverfahren einschließlich Unterschriftsmöglichkeit vor, die sogenannte **Public-Key-Verschlüsselung** (Verschlüsselung mit öffentlichem Schlüssel).[1] Auch hier ist der Kistenvergleich erhellend: Statt eines Vorhängeschlosses benutzen wir nun ein Schnappschloß. Die Kiste kann also durch ein einfaches Einrasten geschlossen werden; den Schlüssel brauchen wir nur, um sie zu öffnen. Das Kommunika-

---

[1] W. Diffie, M. Hellman „New Directions in Cryptography", *IEEE Trans. Inform. Theory* **IT-22** (1976), S. 644–654.

tionssystem sieht nun folgendermaßen aus: Jeder Teilnehmer kauft sich ein persönliches Schnappschloß samt Schlüssel, schreibt seinen Namen auf das Schloß und legt es auf einen öffentlichen Tisch. Den Schlüssel behält jeder für sich geheim und zeigt ihn niemandem. Angenommen, Bernd will nun Anne eine Nachricht schicken. Dazu steckt Bernd seine Nachricht in eine Kiste, nimmt Annes Schloß von dem öffentlichen Tisch und verschließt damit die Kiste. Das geschieht durch ein einfaches Zuschnappen; er braucht keinen Schlüssel dafür. Dann schickt er die Kiste zu Anne, die sie mit ihrem Schlüssel aufschließen und dann die Nachricht lesen kann. Da allein Anne einen Schlüssel für ihr Schloß besitzt, ist die Übertragung sicher. Erstaunlicherweise müssen sich Anne und Bernd vorher über nichts verständigen und nichts gemeinsam tun. Außerdem ist das Verfahren nicht auf zwei Personen beschränkt: Der öffentliche Tisch kann so viele Schlösser aufnehmen, wie gewünscht wird. Solange jeder Teilnehmende sein oder ihr eigenes Schloß mitbringt und den Schlüssel geheim hält, ist jeder dabei!

Um *Public-Key*-Systeme in der digitalen Welt der Computer zu verstehen, nehmen wir an, daß Nachrichten einfach aus (möglicherweise sehr langen) Ziffernfolgen bestehen (man kann mit einfachen und naheliegenden Verfahren Buchstaben und Symbole in Ziffern darstellen). Annes Schnappschloß besteht nun aus nichts anderem als einer Verschlüsselungsfunktion `Verschl`, die Zahlen in andere Zahlen umformt. Ihr Schlüssel beinhaltet eine geheime Methode, die Entschlüsselungsfunktion `Entschl` zu berechnen. Jede Partei legt also ihre Verschlüsselungsmethode offen, hält ihre Entschlüsselungsmethode aber geheim. Meistens werden wir uns auf zwei Teilnehmer beschränken: unsere Freunde Anne und Bernd. Um die verschiedenen von ihnen benutzten Funktionen unterscheiden zu können, bezeichnen wir die von Anne mit Verschl_A und Entschl_A, die von Bernd dagegen mit Verschl_B und Entschl_B.

Um die Zahl N als Nachricht an Anne zu schicken, benutzt Bernd Annes öffentliche Verschlüsselungsmethode Verschl_A und schickt ihr die Chiffre $\text{Verschl}_A(N)$. Diese ist nichts anderes als die Zahl, die man aus N durch die Funktion Verschl_A erhält. Wie

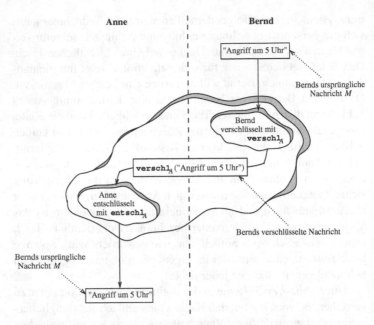

Abb. 6.1. Ver- und Entschlüsselung im *Public-Key*-Verfahren

im Schnappschloßvergleich benutzt Bernd dabei *Annes* Funktion. Anne wird dann diese Zahl mit ihrer privaten Entschlüsselungsmethode $Entschl_A$ wieder in den Klartext N verwandeln. Abbildung 6.1 illustriert dies. Schauen wir uns ein einfaches Beispiel an, das zwar nicht wirklich benutzt werden darf, wie wir sehen werden, aber doch erhellend wirkt: Anne könnte als ihre Verschlüsselungsmethode $Verschl_A$ das Quadrieren gewählt haben und als $Entschl_A$ die Wurzelfunktion. Bernd würde ihr dann die Zahl N^2 als Chiffre schicken, und sie würde $\sqrt{N^2}$ berechnen, um den ursprünglichen Klartext N zu erhalten.

Damit dieses Verfahren funktioniert, müssen beide Funktionen einerseits leicht zu berechnen und andererseits zueinander invers sein, wie es Quadrieren und Wurzelziehen sind. Konkret heißt dies, daß für jede mögliche Nachricht N die folgende Gleichung gelten muß:

$$\mathtt{Entschl}_A(\mathtt{Verschl}_A(N)) = N,$$

d. h. wenn N verschlüsselt wird und dann wieder entschlüsselt (beides mit Annes Funktionen), muß sich das ursprüngliche N ergeben. Aber das reicht noch nicht. Es muß auch *unmöglich* sein, aus der öffentlich bekannten Verschlüsselungsfunktion $\mathtt{Verschl}_A$ die Entschlüsselungsfunktion $\mathtt{Entschl}_A$ herausfinden zu können. Anne soll in der Lage sein, ihre Nachrichten leicht zu entschlüsseln, aber niemand sonst – auch wenn er sich die öffentliche Verschlüsselungsfunktion genau anschaut. Diese Anforderung wird offenbar vom Quadrieren und Wurzelziehen nicht erfüllt. Denn sobald jemand weiß, daß die Verschlüsselung im Quadrieren besteht, weiß er auch, daß zum Entschlüsseln die Wurzel gezogen werden muß. Und das kann jemand anderes genauso gut wie Anne.

Wir brauchen also besondere Ver- und Entschlüsselungsfunktionen. Dazu kommen die Schlüssel ins Spiel. Die Verschlüsselungsfunktion $\mathtt{Verschl}_A$ muß also leicht berechenbar sein, die Entschlüsselungsfunktion $\mathtt{Entschl}_A$ dagegen darf es nicht sein. Für uns soll dies nun bedeuten, daß *erstere in Polynomialzeit berechenbar sein soll, letztere aber nicht*, es sei denn, man kennt Annes geheimen Schlüssel. Der Schlüssel ist genau das, was Anne braucht, um schnell dechiffrieren zu können (genau wie in dem Schnappschloßvergleich). Gleiches muß für Bernds Funktionen $\mathtt{Verschl}_B$ und $\mathtt{Entschl}_B$ gelten: $\mathtt{Verschl}_B$ muß also mit annehmbarem Zeitaufwand berechenbar sein, nicht aber $\mathtt{Entschl}_B$ – außer für Bernd, der den Schlüssel besitzt. Tatsächlich brauchen wir also eine **Einweg-** oder **Falltürfunktion** (*one-way function*). Der Ausdruck „Einweg-" soll diesen Gegensatz ausdrücken, daß eine Richtung (nämlich das Verschlüsseln) einfach zu berechnen ist, die andere (das Entschlüsseln) dagegen ohne Schlüssel schwierig. Die Analogie mit Falltüren besteht darin, daß eine Falltür von der falschen Seite nur geöffnet werden kann, wenn man den geheimen Hebel kennt (hier: den Schlüssel).

Es ist zunächst völlig unklar, wie man solche Funktionen finden soll. Wir könnten die Quadrat-und-Wurzel-Idee etwas ausarbeiten, indem Anne als Verschlüsselung den Klartext in eine höhere Potenz erhebt, also zum Beispiel N^7 berechnet. Dann muß man die siebte Wurzel berechnen, was etwas schwieriger ist, aber dennoch keiner der beiden entscheidenden Anforderungen genügt. Zum einen wissen Sie sofort, was zur Entschlüsselung zu tun ist, sobald Ihnen bekannt ist, daß die Verschlüsselung den Klartext zur siebten Potenz nimmt. Zum andern ist die Entschlüsselung für Sie immer noch ebenso leicht wie für Anne. Die Mathematik muß um einiges komplizierter werden und muß dieses geheime Stück Information – den Schlüssel – berücksichtigen, dessen Kenntnis die Entschlüsselung (für Anne) einfach macht, dessen Fehlen dagegen sie (z. B. für Bernd) extrem erschwert. Wir werden auf diese Problematik später zurückkommen.

Unterschreiben

Wodurch wird eine Unterschrift zu einer Unterschrift? Selbstverständlich muß eine Unterschrift jedem Unterzeichner eigen sein: Um Fälschungen zu vermeiden, müssen sich die Unterschriften von je zwei Menschen hinreichend unterscheiden. Ferner darf eine gewöhnliche, handgeschriebene Unterschrift nicht von dem unterzeichneten Dokument abhängen; sie sollte immer gleich aussehen. Im Gegensatz dazu müssen sich die in unserem Computer-Kryptosystem erwünschten **digitalen Unterschriften** nicht nur von Nutzer zu Nutzer unterscheiden, sondern auch von Nachricht zu Nachricht. Andernfalls könnte der Empfänger die signierte Nachricht abändern (z. B. bevor sie in einem Streitfall einem Richter vorgelegt würde), oder er könnte die Unterschrift an eine ganz andere Nachricht anhängen. Wenn es sich bei der Nachricht zum Beispiel um eine Überweisung handelt, könnte der Empfänger einfach ein paar Nullen an die Summe anhängen und behaupten, diese veränderte unterschriebene Nachricht sei echt. Daher müssen die digitalen Unterschriften sowohl vom Unterzeichner als auch von der zu unterzeichnenden Nachricht abhängen.

Erstaunlicherweise kann das *Public-Key*-Verschlüsselungsverfahren auch zum digitalen Unterschreiben benutzt werden. Wir benötigen dann lediglich, daß die Einwegfunktionen für die Ver- und

Entschlüsselung *gegenseitige Inverse* sind. Dies bedeutet, daß nicht nur die Entschlüsselung einer verschlüsselten Nachricht den Originaltext liefert, sondern auch die *Ver*schlüsselung einer *ent*schlüsselten Nachricht, d. h. einer Nachricht, auf welche die Funktion Entschl angewandt worden ist. Im Quadrat-Wurzel-Beispiel liefert nicht nur $\sqrt{N^2}$, also die Wurzel aus dem Quadrat, das ursprüngliche N, sondern auch $(\sqrt{N})^2$, das Quadrat der Wurzel. Für die Funktionen von Anne verlangen wir also nicht nur

$$\mathrm{Entschl}_A(\mathrm{Verschl}_A(N)) = N,$$

sondern auch

$$\mathrm{Verschl}_A(\mathrm{Entschl}_A(N)) = N.$$

Entsprechendes für die Funktionen von Bernd.

Warum in aller Welt sollte jemand auf die Idee kommen, eine Nachricht zu dekodieren, die zuvor gar nicht kodiert war? Nun, um sie zu unterschreiben. Das funktioniert folgendermaßen (siehe Abbildung 6.2).[2] Falls Bernd eine unterschriebene Nachricht an Anne schicken möchte, wendet er zunächst seine eigene geheime Entschlüsselungsfunktion $\mathrm{Entschl}_B$ auf die Nachricht N an. Dies ergibt eine Zahl U, die wir als Bernds eigene, nachrichtenabhängige Unterschrift ansehen:

$$U = \mathrm{Entschl}_B(N).$$

Statt dem ursprünglichen Klartext N verschlüsselt Bernd nun die unterschriebene Version U. Dies tut er mit der üblichen *Public-Key*-Methode: Geht die Nachricht an Anne, benutzt er ihre öffentliche Verschlüsselungsfunktion $\mathrm{Verschl}_A$. Dann schickt er ihr das Ergebnis, also $\mathrm{Verschl}_A(U)$, was dasselbe ist wie $\mathrm{Verschl}_A(\mathrm{Entschl}_B(N))$.

Jetzt ist Anne dran. Zunächst dechiffriert sie diese seltsame Zahl mit ihrer geheimen Entschlüsselungsfunktion $\mathrm{Entschl}_A$. Das

---

[2] Hier kommen wir mit dem Schlösservergleich nicht weiter, da man eine unverschlossene Kiste nicht aufsperren kann.

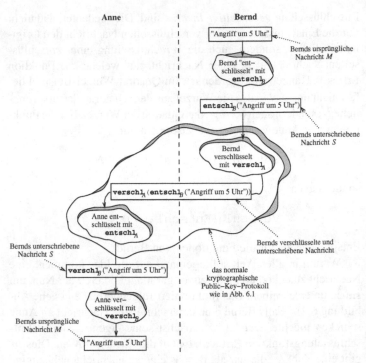

Abb. 6.2. Verschlüsselung mit Unterschrift

Ergebnis ist dann $\mathrm{Entschl}_A(\mathrm{Verschl}_A(U))$. Nun macht aber $\mathrm{Entschl}_A$ alles rückgängig, was $\mathrm{Verschl}_A$ „durcheinander" gebracht hat, d. h. $\mathrm{Entschl}_A$ und $\mathrm{Verschl}_A$ heben sich gegenseitig auf. Also ergibt sich tatsächlich U bzw. $\mathrm{Entschl}_B(N)$. Zu diesem Zeitpunkt kann Anne weder die Nachricht lesen, noch weiß sie, ob Bernd wirklich der Absender ist. Jetzt wendet sie aber Bernds öffentliche Verschlüsselungsfunktion $\mathrm{Verschl}_B$ auf U an. Dann erhält sie N, denn

$$\mathrm{Verschl}_B(U) = \mathrm{Verschl}_B(\mathrm{Entschl}_B(N)) = N.$$

Nun kann Anne sowohl die ursprüngliche Nachricht lesen als auch sicher sein, daß nur Bernd sie geschickt haben kann. Warum? Die benutzten Funktionen sind ja sorgfältig ausgewählte gegenseitige Inverse. Also ist $\text{Entschl}_B(N)$ die einzige Zahl, die N liefert, wenn man Verschl_B darauf anwendet. Es gibt keine andere Möglichkeit, wie der Klartext N zustandekommt: Es *muß* Bernds Entschlüsselungsfunktion gewesen sein, die auf N angewandt wurde. Aber niemand anderes als Bernd könnte $\text{Entschl}_B(N)$ erzeugt haben, denn die Entschlüsselungsfunktion Entschl_B ist Bernds bestgehütetes Geheimnis! Also muß es Bernd gewesen sein. Elementar, mein lieber Watson ...

Anne kann nun keine andere Nachricht in Bernds Namen unterschreiben, denn unterschreiben bedeutet ja, die neue oder veränderte Nachricht Bernds geheimer Entschlüsselungsfunktion Entschl_B zu unterwerfen. Und zu dieser hat sie keinen Zugang.

Es gibt allerdings noch ein Problem: Anne könnte *dieselbe* Nachricht N *mit* Bernds Unterschrift, also $\text{Entschl}_B(N)$, an jemand anderes schicken, zum Beispiel an Christine. Denn während der Entschlüsselung errechnet Anne ja $\text{Entschl}_B(N)$. Diese Zahl könnte sie nun mit Christines öffentlicher Funktion Verschl_C verschlüsseln und an Christine schicken. Christine müßte dann denken, die Nachricht käme von Bernd. Dies könnte gefährlich sein bei Nachrichten der Art: „Ich, General Bernd, befehle hiermit, bei Tagesanbruch anzugreifen." Um solche Situationen zu verhindern, sollte man in der Originalnachricht, also vor Unterschrift und Verschlüsselung, solche Details wie den Namen des Empfängers und möglicherweise Datum und Zeit einschließen. Also etwa: „Am soundsovielten um soundsoviel Uhr befehle ich, General Bernd, hiermit Oberst Anne, bei Tagesanbruch anzugreifen." Nun kann Anne kein Unheil auf Kosten Christines mehr anrichten, denn sie kann nicht wissen, was Bernds geheime Entschlüsselungsfunktion Entschl_B aus einer noch so gering von N unterschiedenen Nachricht macht.

Kann dies funktionieren?

Das klingt alles sehr vielversprechend. Die Teilnehmer können gesichert miteinander kommunizieren, geschützt gegen Lauscher und anderes Unheil. Sie können senden, empfangen, unterzeichnen, nachprüfen, identifizieren, usw. Doch wie wird dies tatsächlich

durchgeführt? Welche Mathematik steckt dahinter? Wir brauchen
eine Methode, um für jeden Teilnehmer einen Schlüssel und die zu-
gehörigen Funktionen Verschl und Entschl zu bestimmen, und
zwar so, daß all die beschriebenen schönen Eigenschaften gelten.
Chiffrieren muß leicht und Dechiffrieren schwer sein, es sei denn,
man besitzt den Schlüssel. Ver- und Entschlüsselung müssen perfekte gegenseitige Inverse sein. Außerdem müssen wir eine ganze
Menge an solchen Funktionspaaren erzeugen können: für jeden Teilnehmer ein Paar (wie es in einem Eisenwarengeschäft viele verschiedene Vorhängeschlösser mit verschiedenen Schlüsseln gibt).

Auf den ersten Blick scheinen sich die Anforderungen zu widersprechen. Wo finden wir eine leicht zu berechnende Funktion mit
einer wirklich schwer berechenbaren Inversen, die nur mit einem geheimen Schlüssel zugänglich wird? Wir wir bereits gesehen
haben, versagen Quadrieren und Wurzelziehen kläglich; ebenso das
Verschieben um K Schritte im Alphabet.

Gibt es also überhaupt solche Einwegfunktionen?

Von einem puristischen Standpunkt aus lautet die Antwort: Wir
wissen es nicht. In einem gewichtigen pragmatischen Sinn ist die
Antwort aber ein klares Ja. *Public-Key*-Verschlüsselung – mit
Unterschriften und allem – ist ein lebendiges, funktionierendes Verfahren. Zunächst sollten wir allerdings herausarbeiten, was es bedeutet, ein *Public-Key*-Verschlüsselungssystem zu knacken. Die Gültigkeit des ganzen Vorgehens hängt daran, daß es ohne Kenntnis des
privaten Schlüssels äußerst schwierig ist, die Entschl-Funktion
eines Teilnehmers auf eine Zahl angewandt auszurechnen. Um die
Sprechweise der letzten beiden Kapitel zu übernehmen: „äußerst
schwierig" heißt undurchführbar. Wir wollen, daß Entschl als
algorithmisches Problem mit Schlüssel durchführbar, aber ohne
Schlüssel undurchführbar ist. *Mit* Schlüssel soll Entschl in Polynomialzeit berechenbar sein, *ohne* Schlüssel nicht. Im Gegensatz
dazu soll die Verschl-Funktion ganz einfach durchführbar sein,
ohne daß ein Schlüssel nötig wäre. Das System zu knacken bedeutet nun, einen Algorithmus zu finden, der ohne den Schlüssel die
Funktion Entschl in Polynomialzeit berechnet und damit zeigt,
daß die erwünschte Undurchführbarkeit nicht vorliegt.

Ein *Public-Key*-Verschlüsselungssystem wird also nicht durch pfiffige Detektivarbeit oder geschicktes Raten gebrochen. Auch nicht durch brutales Zahlenrechnen auf einem großen und schnellen Computer. Es geht nicht um eine weltkriegsähnliche Schlacht zwischen klugen Köpfen und kryptographischen Mannschaften, die sich abwechselnd austricksen. Vielmehr geht es darum, einen Polynomialzeit-Algorithmus für ein Problem zu entwickeln, von dem man glaubt, daß sein innewohnendes Zeitverhalten superpolynomial ist. Es geht also um algorithmische Arbeit par excellence.

Am besten wäre es, die *Public-Key*-Verschlüsselung auf einer *beweisbar* undurchführbaren Entschl-Funktion aufzubauen. Wenn man zum Beispiel die schwierige Richtung der Einwegfunktion in irgendeiner Weise auf dem *Roadblock*-Problem aufbauen könnte, wäre das System beweisbar nicht zu knacken, und daher so sicher wie nur möglich. Zur Zeit ist so etwas noch nicht erreicht. Die einzigen bislang entdeckten Einwegfunktionen beruhen auf Entschl-Funktionen, deren Undurchführbarkeit nur *vermutet* wird, ohne daß man es wirklich weiß. Diese vermutlich undurchführbaren Probleme, welche den Kern der meisten *Public-Key*-Kryptosysteme bilden, sind wohlbekannt und haben intensiven und ausdauernden Versuchen von Mathematikern und Informatikern, einen Polynomialzeit-Algorithmus zu finden, widerstanden. Wir können daher ihrer Undurchführbarkeit ziemlich sicher sein. Es ist unwahrscheinlich, daß Personen oder Geheimdienste, die Verschlüsselungssysteme knacken wollen, in der Lage sind, ein berühmtes, seit langer Zeit offenes und mathematisch tiefes Problem im Bereich der Undurchführbarkeit zu lösen.

Das RSA-Kryptosystem

Die *Public-Key*-Verschlüsselung wurde zum ersten Mal in der sogenannten **RSA-Methode** erfolgreich implementiert.[3] Obwohl es eine Reihe anderer Methoden gibt, ist die Vorgehensweise von RSA die

---

[3] RSA steht für die Initialien ihrer Erfinder; siehe R. L. Rivest, A. Shamir, L. Adleman „A Method for Obtaining Digital Signatures and Public-Key Cryptosystems", *Comm. Assoc. Comput. Mach.* **21** (1978), S. 120–126.

interessanteste. Sie ist nun über 20 Jahre alt, und wir werden sehen, daß es gute Gründe gibt, sie für unknackbar zu halten.

Die RSA-Methode beruht auf dem Unterschied zwischen Primzahltests einerseits und dem tatsächlichen Aufspüren der Faktoren andererseits. Der Kern der Methode besteht in der Wahl der Schlösser und Schlüssel. Jeder Teilnehmer (zum Beispiel Anne) sucht sich zwei große, sagen wir 200stellige, Primzahlen P und Q. Die Auswahl erfolgt zufällig und geheim. Dann werden die beiden Zahlen multipliziert zu dem ungefähr 400stelligen Produkt $P \cdot Q$.

Anne veröffentlicht nun das Produkt, hält aber die beiden Faktoren geheim. Niemand darf aus dem Produkt heraus die beiden Faktoren in vernünftiger Zeit berechnen können. Wie wir in Kapitel 5 beschrieben haben, sind keine schnellen Methoden bekannt, nicht einmal probabilistische, um große Zahlen zu faktorisieren. Und Shors polynomialer Quantenalgorithmus wird in absehbarer Zeit nicht implementierbar werden.

Annes Verschlüsselungsfunktion wird nun aus dem Produkt $P \cdot Q$ konstruiert. Die Entschlüsselungsfunktion Entschl$_A$ benutzt ebenfalls das Produkt, aber auch die beiden Primzahlen P und Q. Also kann jeder eine Nachricht für Anne verschlüsseln, indem er die öffentlich zugängliche Zahl $P \cdot Q$ benutzt. Die Entschlüsselung ist dagegen nur Anne möglich, da sie als einzige auch P und Q kennt. Jeder andere, der P und Q in die Hände bekommen möchte, um die Nachricht zu dechiffrieren, muß erst $P \cdot Q$ faktorisieren. Wir werden hier die Einzelheiten der Methode nicht weiter verfolgen, da sie technisch kompliziert ist. Aber wir werden besprechen, wie Anne am Anfang die großen Primzahlen wählen kann.

Die unendlich vielen Primzahlen sind über den ganzen Bereich der Zahlen hinweg ziemlich dicht verteilt. Zum Beispiel gibt es 168 Primzahlen kleiner als 1 000 und etwa 78 500 Primzahlen kleiner als eine Million. Unter den 100stelligen Zahlen ist ungefähr jede 300ste eine Primzahl, und unter den 200stelligen etwa jede 600ste.[4] Um eine neue Primzahl mit etwa 180 bis 220 Stellen zu finden, benutzt Anne die schnellen probabilistischen Primzahltests aus Kapitel 5.

---

[4] Allgemein liegt die Anzahl der Primzahlen kleiner als K in der Größenordnung von $K / \log_2 K$.

Sie erzeugt zufällig ungerade Zahlen aus dem gewünschten Bereich (indem sie Münzen wirft, um die Anzahl der Stellen und jede Ziffer zu bestimmen) und testet jede von ihnen auf Primheit, bis sie eine Primzahl findet. Es ist äußerst wahrscheinlich, daß sie innerhalb der ersten 1 500 Versuche eine Primzahl finden wird, und die Chance ist groß, daß es bedeutend schneller geht. Wenn sie aufpaßt und keine Zahl doppelt wählt, kann sie selbst mit einem kleinen PC ziemlich schnell eine Primzahl finden. Große Primzahlen zu erzeugen, wird also auf das Problem zurückgeführt, die Primheit großer Zahlen zu testen. Und wir wissen, wie wir dies effizient tun können.

Wir verfügen also über eine kryptographische Methode, welche den entscheidenden Unterschied zwischen dem Testen von Zahlen auf Primheit und ihrer Faktorisierung in Primfaktoren ausnutzt. Sie stützt sich wesentlich die guten Nachrichten – nämlich einen klugen probabilistischen Algorithmus, um Primzahlen zu finden – und zugleich wesentlich auf die schlechten Nachrichten – die anscheinende Undurchführbarkeit, große Zahlen zu faktorisieren. Wenn es irgend jemandem gelänge, große Zahlen annehmbar schnell zu faktorisieren, bräche das ganze RSA-System sofort in sich zusammen. Denn dann könnte ein Gegner aus dem öffentlichen Produkt $P \cdot Q$ die Faktoren P und Q berechnen und sie benutzen, um die Nachrichten an Anne zu entschlüsseln. Falls insbesondere der polynomiale Quantenalgorithmus je verfügbar wird, d. h. falls irgendwann geeignete Quantencomputer gebaut werden sollten, wird die RSA-Methode wahrscheinlich nutzlos werden. Trotzdem verläßt man sich auf sie: Man weiß, daß sie zur Zeit sicher ist, und glaubt, daß sie sicher bleiben wird. Anders ausgedrückt, beten die vielen Nutzer der RSA-Methode jeden Tag dafür, daß die schlechten Nachrichten in Bezug auf das Faktorisierungsproblem bestehen bleiben.[5]

---

[5] Zwei Punkte müssen erwähnt werden. Zum einen ist die Größe der zu faktorisierenden Zahlen entscheidend, auch wenn wir über keinen allgemeinen Polynomialzeit-Algorithmus verfügen. Anfang 1999 wurde eine 140stellige Zahl mit Hilfe von 700 Computern, die mehrere Monate lang liefen, faktorisiert. Kurz danach hat A. Shamir ein optisches Gerät namens Twinkle entworfen, das aber bislang noch nicht gebaut wurde. Mit ungefähr einem Dutzend Twinkeln – sofern sie gebaut werden können

Interaktive Beweise

Kryptographie und kryptographische Protokolle* dienen nicht nur der Nachrichtenübertragung. Die letzten Jahre haben eine rasante Entwicklung ausgetüftelter Methoden erlebt, um alle möglichen Arten an Wechselwirkung mit Computern zu erzielen, während irgendwelche „Gegner" zugegen sind (womit nicht nur Lauscher gemeint sind). Die schnelle Ausbreitung der Internets und seine zunehmende Anwendung in den verschiedensten Bereichen bildet eine reiche Quelle neuer Ideen und Methoden.

Im Mittelpunkt vieler dieser Anwendungen steht die **Interaktion**. Beginnen wir mit einem Beispiel, in dem zwei Parteien eine Münze werfen möchten, um eine Entscheidung zu treffen. Sie sind aber weit voneinander entfernt und trauen sich nicht gegenseitig. Im Alltag könnte man an ein Paar in Scheidung denken. Ehemann und Ehefrau können oder wollen sich nicht gegenübertreten – viel-

---

— würden wir 160stellige Zahlen innerhalb weniger Tage faktorisieren können. Dies würde viele RSA-Nutzer zwingen, ihre Schlüssel erheblich zu vergrößern, da die meisten RSA-Anwendungen 521-Bit-Zahlen verwenden, die 154- bis 155stellig sind und damit in den 160-Stellen-Bereich fallen.

Der zweite Punkt betrifft die Umkehrung der Aussage, daß schnelles Faktorisieren RSA zum Zusammenbrechen bringt: Kann ein Zusammenbruch von RSA nur am schnellen Faktorisieren liegen, oder gibt es vielleicht noch andere Wege, RSA zu knacken? Dies ist unbekannt; aber niemand in der großen Gemeinschaft der Experten und Forscher hat bislang ein Vorgehen ersonnen, um RSA zu knacken, das nicht die Möglichkeit der schnellen Faktorisierung mit sich brächte. Es gibt sogar eine von M. O. Rabin entwickelte, leicht unterschiedliche Version des RSA-Systems, die *beweisbar* nur dann zu knacken ist, wenn man schnell faktorisieren kann. Mit anderen Worten wurde für dieses spezielle Verschlüsselungsverfahren mathematisch bewiesen, daß jede Methode, es zu brechen, auch einen schnellen Faktorisierungsalgorithmus liefert. Es wäre schön, wenn man diese stärkere Aussage auch über das ursprüngliche RSA treffen könnte. Jedoch ist der Beweis noch niemandem gelungen.

* Ein Protokoll ist ein festgelegtes Verfahren, dem gemäß Informationen oder Nachrichten ausgetauscht werden. *Anm. des Übers.*

leicht leben sie in verschiedenen Städten –, möchten aber ihren Besitz aufteilen. Per Münzwurf wollen sie zum Beispiel entscheiden, wer das Haus und wer den Picasso aus dem Wohnzimmer bekommen soll. Da sie (oder ihre Anwälte) nur per Computer und Modem miteinander verbunden sind, scheint dies unmöglich. Selbst wenn sie entschieden haben, für wen Kopf und für wen Zahl steht: Wie sollen sie tatsächlich die Münze werfen? Falls einer sie wirft, mag der andere das Ergebnis nicht glauben. Oder der Werfer könnte lügen. Oder beides. Gibt es für diese beiden mißtrauischen, weit entfernten und nur über ihre Heimcomputer verbundenen Parteien vielleicht die Möglichkeit eines unanfechtbaren elektronischen Münzwurfs?

Ja: es gibt eine schlaue und sehr schnelle Methode dafür. Dazu müssen beide auf elektronischem Wege ziemlich ausführlich interagieren, hin und her. Auch hier wollen wir nicht die Details der Methode vorstellen. Sie beruht aber ebenfalls auf dem Faktorisieren von Zahlen, genauer auf der Annahme, daß dies undurchführbar sei. Das Ergebnis der Interaktion wird eine völlig unparteiische Wahl von Kopf oder Zahl sein. Frau und Mann können beide vollkommen darauf vertrauen, daß keine Art des Betrugs möglich ist, und keiner kann die Angelegenheit später anfechten, da das Ergebnis einer rechtlichen Prüfung unterworfen werden kann.[6]

Um interaktive Protokolle in einem allgemeineren Rahmen zu erklären, kehren wir für einen Augenblick zu der Klasse NP zurück. Zur Erinnerung: Ein Problem liegt in NP, wenn es mit Hilfe einer magischen Münze in polynomialer Zeit gelöst werden kann. Wie wir in Kapitel 4 erklärt haben, ist dies gleichwertig damit, daß es im Falle einer positiven Antwort einen kurzen (d. h. polynomial großen) Zeugen gibt. Über Eingaben mit negativer Antwort wird nichts ausgesagt. Diese Charakterisierung kann man in die Sprechweise eines Spiels zwischen einem **Beweiser** und einem **Prüfer** umformulieren. Der Beweiser – sagen wir Anne – ist (computermäßig) allmächtig und versucht den Prüfer Bernd, der nur gewöhnliche Rechenkraft von polynomialer Zeit besitzt, davon zu überzeugen, daß eine Eingabe zu dem vorgelegten Problem ein „ja" erzeugt.

---

[6] M. Blum „How to Exchange (Secret) Keys", *ACM Trans. Comput. Syst.* **1** (1983), S. 175–193.

Zur Veranschaulichung wählen wir ein bestimmtes Problem aus NP: ein Netz aus Punkten und Linien mit drei Farben zu färben. Anne möchte Bernd davon überzeugen, daß ein bestimmtes Eingabenetz G 3-färbbar ist.* Zur Erinnerung: Benachbarte Punkte, also durch eine Linie verbundene Punkte, dürfen nicht die gleiche Farbe tragen. Da es sich um ein NP-vollständiges Problem handelt, kennt niemand einen Polynomialzeit-Algorithmus dafür. Bernd, der nur über polynomiale Rechenkraft verfügt, kann also nicht aus eigener Kraft nachprüfen, ob Annes Behauptung stimmt. Sie muß ihm einen Beweis liefern. Das kann sie leicht tun, indem sie ihm eine 3-Färbung von G schickt (siehe zum Beispiel Abbildung 4.4). Diese 3-Färbung ist nichts anderes als ein kurzer Zeuge für das Ja. Und nun kann Bernd, selbst mit seinen beschränkten Kräften, nachprüfen, daß es sich um eine ordnungsgemäße Färbung handelt. Offenbar wird diese Art von Beweis nie dazu führen, daß Bernd irrtümlich glaubt, Anne könne G 3-färben, auch wenn sie es gar nicht kann.

Wir können also sagen, daß ein Entscheidungsproblem in NP liegt, wenn Anne für jede „Ja"-Eingabe Bernd in polynomialer Zeit davon überzeugen kann. Wenn dagegen eine „Nein"-Eingabe vorliegt, kann weder Anne noch sonst jemand Bernd davon überzeugen. Dieses kleine Beweisspiel ist ziemlich einfach und besteht nur aus einer Runde. Anne schickt den Zeugen von polynomialer Größe an Bernd, der unmittelbar nachprüft, daß es sich tatsächlich um einen Zeugen handelt.

Dieses Konzept von Beweisern und Prüfern läßt sich nun auf nette Art verallgemeinern und führt dann zu einem stärkeren Beweisbegriff. Im nächsten Abschnitt wollen wir dessen Stärke beleuchten. Die Idee besteht darin, es in einen interaktiven Prozeß umzuwandeln, also viele Runden zu spielen, und dabei dem Prüfer zu erlauben, Münzen zu werfen und dem Beweiser Fragen zu stellen – alles natürlich in polynomialer Zeit. Durch das Münzenwerfen kann Bernd zufällige Fragen an Anne stellen, die sie nicht voraussehen kann (Bernd kann seine Münzwürfe vor Anne verbergen). Dadurch bleibt Anne „allmächtig"; Bernds Rechenkraft ist nun aber zu *probabilistischer Polynomialzeit* gewachsen. Außerdem wird auch der

---

* In der Mathematik werden Netze *Graphen* genannt. *Anm. des Übers.*

Beweisbegriff probabilistisch: Wir verlangen keinen absoluten Beweis mehr, sondern nur, daß Anne mit überwältigend hoher Wahrscheinlichkeit (wie in Kapitel 5) Bernd vom „Ja"-Charakter einer Eingabe überzeugt. Wir erlauben also Irrtümer, nämlich daß eine „Nein"-Eingabe für eine „Ja"-Eingabe gehalten wird, doch nur mit vernachlässigbar kleiner Wahrscheinlichkeit.[7]

Wir sollten eine kleine Pause einlegen, um die philosophische Bedeutung dieses Begriffs zu bewerten. Das Ein-Runden-Spiel für NP ähnelt sehr der üblichen Art, eine Aussage schriftlich zu beweisen (etwa als Teil einer Vorlesung oder eines veröffentlichten mathematischen Artikels). *Sie* nutzen all Ihre Geisteskraft, um etwas abzuliefern, was Sie für einen vollständigen Beweis erachten; *ich* (Student in der Vorlesung oder Leser des Artikels) prüfe ihn dann so sorgfältig wie möglich, um zu sehen, ob ich daran glaube oder nicht. Dies ist der übliche Beweisweg des „Sie beweisen, ich prüfe".

Im Gegensatz dazu bietet ein **interaktiver Beweis** eine sehr starke und dennoch natürliche Erweiterung an, die mehr der Art gleicht, wie Mathematiker *mündlich* sich gegenseitig Aussagen beweisen. Sie geben mir irgendwelche Informationen, und ich darf Sie dann darüber befragen – mit manchmal schweren Fragen, die Sie nicht vorhersehen können. Dann antworten Sie und liefern mehr Informationen, und ich fahre fort, Sie mit Fragen zu belästigen, und so weiter. Das geht so lange, bis ich mich überzeugen lasse, daß Sie recht haben – im probabilistischen Wortsinn: also mit so hoher Wahrscheinlichkeit, wie ich will (denn wir hören erst auf, wenn *ich* zufrieden bin). Dann halten wir an. Natürlich darf der ganze Prozeß nur polynomial viel Zeit in Anspruch nehmen.

Wirklich hübsch an interaktiven Beweisen ist, daß sie in vielen Fällen ausgeführt werden können, ohne die entscheidenden Informationen aus der Hand zu geben. Anne kann Bernd davon überzeugen, daß eine Eingabe eine positive Antwort erhält, ohne die Gründe dafür preisgeben zu müssen. Wir werden uns jetzt diese zusätzliche Möglichkeit und ihren Nutzen etwas näher anschauen.

---

[7] S. Goldwasser, S. Micali, C. Rackoff, „The Knowledge Complexity of Interactive Proof Systems", *SIAM Journal on Computing* **18** (1989), S. 186–208.

Zero-Knowledge-Beweise

Angenommen, ich will Sie davon überzeugen, daß ich ein Geheimnis kenne. Ich behaupte beispielsweise zu wissen, welche Sockenfarbe der Bundespräsident im Augenblick trägt. Natürlich glauben Sie mir nicht und wollen einen Beweis, nicht wahr? Der naheliegende Beweis sieht so aus: Ich nenne Ihnen die Farbe, und dann bitten wir augenblicklich den Präsidenten herein (der vor der Tür gewartet haben muß), damit er seine Socken vorzeige und entweder meine Behauptung widerlege oder bestätige. Diese Vorgehensweise klingt überzeugend. Unter der Annahme, daß weder Mikrofone noch Agenten im Raum waren, werden Sie glauben, daß ich Recht habe. Zunächst glaubten Sie, ich lüge – wie sollte es möglich sein, so etwas zu wissen? –, und am Ende sind Sie überzeugt, daß Sie sich geirrt haben und ich es doch wußte (nehmen wir dazu an, daß ich die Farbe so präzise beschrieben habe und es so viele Möglichkeiten gibt, daß ich höchstwahrscheinlich nicht einfach geraten habe).

Ein Problem aber bleibt. Am Ende des Tages, wenn alles gesagt und getan ist, sind Sie nicht nur davon überzeugt, daß ich nicht gelogen habe und tatsächlich das Geheimnis wußte, sondern nun wissen auch Sie das Geheimnis! Aber vielleicht *will* ich das *nicht*. Vielleicht möchte ich Ihnen nicht einmal verraten, ob die Präsidentensocken hell oder dunkel sind, von einer warmen oder einer kalten Farbe. Am Ende des Spieles möchte ich, daß Sie von dem Geheimnis selbst nicht die leiseste Ahnung haben. Ich möchte Sie lediglich davon überzeugt haben, *daß* ich es weiß, mehr nicht.

Das klingt absurd: Wie kann ich Sie davon überzeugen, etwas zu wissen, ohne Ihnen dieses Etwas mitzuteilen und ohne Sie es überprüfen zu lassen? Warum in aller Welt sollten Sie mir glauben, daß ich etwas so schwierig zu Erfahrendes weiß, wenn Sie selbst nicht nachschauen und nachprüfen dürfen? Oder gibt es unter den Lesern einen, der tatsächlich innerhalb von Augenblicken die Farbe der Präsidentensocken herausgefunden hätte?

Vergessen wir jetzt den Präsidenten und die Socken: Im Kern geht es um eine Methode, wie Anne Bernd davon überzeugen kann, daß die Eingabe eines algorithmischen Problems positiv ist, ohne ihm irgendwelche Information über die Gründe zu liefern. Natürlich soll dies für ein algorithmisches Problem geschehen, bei dem Bernd nicht einfach selbst entscheiden kann, ob eine „Ja"-Eingabe vorliegt. Um zu dem Beispiel der 3-Färbung eines Netzes G zurückzukommen: Anne soll Bernd beweisen können, daß sie G mit drei Farben färben kann, ohne daß er etwas über die Färbung selbst herausbekommt. Zumindest nichts, was er nicht selbst herausfinden könnte. Am Ende des Beweises möchten wir, daß Bernd überwältigendes Zutrauen in Annes Aussage hat. Aber wir wollen auch, daß dies die einzig neue Information ist, die er aus dem Überzeugungsprozeß gewinnt. Insbesondere soll er selbst danach nicht in der Lage sein, G in polynomialer Zeit zu färben, und auch nicht, irgend jemand anderem den Beweis von Anne zu wiederholen! Solche anscheinend paradoxen Protokolle werden aus naheliegenden Gründen **Zero-Knowledge-Protokolle** (Null-Wissen-) genannt.

Wir benutzen wieder wesentlich die schlechten Nachrichten. Im Sockenbeispiel blieb Ihnen keine Möglichkeit mehr, mir nicht zu trauen. Denn auch wenn es kein interessantes Geheimnis sein sollte, so können Sie die Farbe der Präsidentensocken doch nicht ohne weiteres durch drei Anrufe erfahren. Ebenso ist Annes Behauptung ein wirkliches Geheimnis, denn es ist NP-vollständig herauszufinden, ob ein Netz 3-färbbar ist. Bernd kann nicht einfach sagen: „Das finde ich selbst heraus". Er kann es nämlich nicht herausfinden, denn er hat nicht mehr als polynomial viel Zeit, um daran zu arbeiten. Niemand kann ohne Hilfe in vernünftiger Zeit herausfinden, ob Anne lügt oder nicht. Aus diesem Grund muß Bernd zunächst annehmen, daß sie *nicht* weiß, wie das Netz dreizufärben ist, und Anne muß es ihm beweisen.

Bevor wir zeigen, wie dies getan werden kann, sollten wir anmerken, daß *Zero-Knowledge*-Protokolle viele Anwendungen in der Kryptographie und für sichere Datenübertragung haben. Zum Beispiel könnten wir Chipkarten entwerfen wollen, um Ankömmlinge in einer Sicherheitszone (etwa dem Hauptquartier eines Geheimdienstes) zu überprüfen. Dabei soll das Personal aber nicht erfahren, wer hineingeht, sondern nur, daß die Ankommenden dazu berechtigt sind. Oder wir nehmen an, eine Gruppe von Personen will ein gemeinsames Bankkonto eröffnen. Jeder soll auf elektronischem

Wege Geld abheben und überweisen dürfen; dabei soll die Bank gewisse Regeln beachten, z. B. wer wieviel Geld abheben darf. Aber es
soll nicht jeder Bankangestellte wissen, wer genau das Geld abhebt,
sondern nur, daß er es berechtigterweise und den Regeln gemäß tut.
In solchen Fällen muß ein Prüfer davon überzeugt werden können,
daß Sie eine Berechtigung (ein „Geheimnis") besitzen, also einen
Schlüssel, Code oder Ausweis, ohne diese Berechtigung offenzu-
legen, sondern nur die Tatsache, *daß* Sie berechtigt sind.

Ich kann ein Netz 3-färben!

Wir kommen jetzt zum *Zero-Knowledge*-Protokoll für das Färben
von Netzen mit drei Farben.[8] In der folgenden Beschreibung spielt
es sich zwischen zwei Personen ab, doch es kann in ein richtig-
gehendes, anwendungstaugliches algorithmisches Protokoll umge-
wandelt werden. Außerdem benutzen wir ein Netz aus 10 Punkten
zur Veranschaulichung. Wenn wir an einem leistungsfähigen Com-

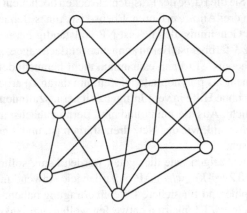

Abb. 6.3. Ein Netz

---

[8] O. Goldreich, S. Micali, A. Wigderson, „Proofs that yield nothing but
their validity or all languages in NP have zero-knowledge proof systems", *J. Assoc. Comput. Mach.* **38** (1991), S. 691–729.

puter arbeiten würden, hätten wir 200 Punkte gewählt. Dann wäre der Nachweis der 3-Färbbarkeit tatsächlich außer Reichweite.[9]

Anne zeigt Bernd ein Netz (siehe Abbildung 6.3) und behauptet, sie könne es mit drei Farben färben. Bernd kann es in der ihm verfügbaren polynomialen Zeit nicht eigenständig nachprüfen, da es sich um ein NP-vollständiges Problem handelt. Also versucht Anne, es ihm zu beweisen. Sie nimmt das Netz fort, färbt es heimlich mit den drei Farben gelb, rot und blau. Dann deckt sie die gefärbten Punkte mit kleinen Münzen ab und zeigt Bernd wieder das Netz (siehe Abbildung 6.4(a)). Sie erzählt Bernd auch, welche Farben sie benutzt hat.[10] Bernd ist natürlich skeptisch, und obwohl Anne ihm diese Skepsis nehmen mag, will sie die Färbung nicht enthüllen. Sie ist nicht einmal bereit, ein einziges Paar nicht-verbundener Punkte aufzudecken. Denn ob diese mit gleichen oder verschiedenen Farben gefärbt sind, gehört zu ihrer Färbestrategie, über die sie absolut nichts verraten möchte. Stattdessen bietet sie Bernd an, jedes erdenkliche Paar *benachbarter*, also durch eine Linie verbundener Punkte aufzudecken. Also wählt Bernd eine Linie in dem Netz – zufällig, wenn er mag –, und Anne nimmt die Münzen von deren Endpunkten weg. Bernd prüft dann, ob diese beiden Punkte verschieden gefärbt sind, wie es sein muß, und ob beide Farben auf Annes Liste auftauchen. Wenn die offengelegten Punkte eine der Bedingungen nicht erfüllen – wenn Anne zum Beispiel grün verwandt oder beide Punkte rot gefärbt hat –, dann hat Bernd gezeigt, daß die Färbung nicht zulässig ist, und Annes Beweisversuch zerschlagen. Falls dagegen beide Farben tatsächlich verschieden sind und zu den dreien auf Annes Liste gehören, kann er sich nicht beschweren. Trotzdem ist er noch nicht sicher, daß das gesamte Netz korrekt gefärbt ist.

---

[9] Anne kann ganz einfach ein solches Netz vorbereiten. Sie braucht nur 200 Punkte auszulegen, diese beliebig mit drei Farben zu färben und dann irgendwie, vorzugsweise zufällig, einige verschiedenfarbige Punkte durch Linien zu verbinden.

[10] Bei der elektronischen Ausführung dieses Protokolls werden die geheime Färbung, die Abdeckung und alle folgenden Schritte entsprechend verschlüsselt, so daß kein Betrug möglich ist.

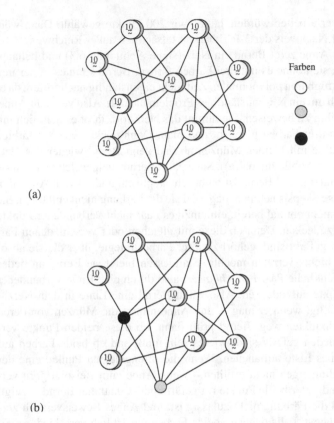

(a)

(b)

Abb. 6.4. Ein abgedecktes, 3-gefärbtes Netz mit zwei offengelegten Nachbarn.

Was nun?

Anstatt bereit zu sein, mehr Punkte aufzudecken, nimmt Anne nun das ganze münzenbedeckte Netz zurück, färbt es zum zweiten Mal – diesmal mit anderen Farben, etwa braun, schwarz und weiß – und bedeckt die neugefärbten Punkte wiederum mit Münzen. Sie sagt Bernd wieder, welche Farben sie benutzt hat, und zeigt ihm das Netz; erneut wählt er eine Linie, deren Endpunkte Anne sofort aufdeckt. Wiederum sieht Bernd verschiedene Farben, diesmal aus der neuen Liste benutzter Farben. Auch dieses Mal kann Bernd die Behauptung von Anne nicht widerlegen.

Dieses Vorgehen wird so oft wiederholt, wie Bernd es wünscht – bis er zufrieden ist.

Aber warum sollte Bernd jemals zufrieden sein? Schauen wir uns die Angelegenheit aus seiner Sicht an. Das Beispielnetz aus Abbildung 6.3 enthält 23 Verbindungslinien. Nachdem Anne den ersten Test bestanden hat (wenn Bernd also ihre Behauptung nach den ersten aufgedeckten Punkten nicht widerlegen kann), ist er immer noch weit davon entfernt, sicher zu sein, daß Anne das ganze Netz 3-färben kann. Aber wenn sie es tatsächlich *nicht* kann, hatte er eine Chance von mindestens 1 zu 23, sie zu erwischen. Der Grund liegt darin, daß *Bernd* aussucht, welche benachbarten Punkte Anne aufzudecken habe, ohne daß *sie* im voraus ahnen kann, welche er wählen wird. Falls Anne tatsächlich lügt und das Netz nicht färben kann, so weiß sie, daß Bernd mit dieser ersten Probe eine Chance von 1 zu 23 hat, sie als Lügnerin zu ertappen: Denn sie muß entweder eine vierte Farbe benutzt haben oder zwei benachbarte Punkte gleich gefärbt haben. Nehmen wir der Einfachheit halber an, Bernd wäre am Anfang vollkommen skeptisch, d. h. er wäre 100%ig sicher (andere Sprechweise: er hält die Wahrscheinlichkeit für 1), daß Anne das Netz nicht 3-färben kann. Diese Sicherheit sinkt nun auf $\frac{22}{23}$, was etwas weniger als 96% ist. So steht es nach der ersten Probe oder Runde.

Die zweite Probe erfolgt unabhängig von der ersten, und wir wissen, daß wir unabhängige Wahrscheinlichkeiten miteinander multiplizieren müssen. Also fällt die Wahrscheinlichkeit, daß Anne *zwei* Tests besteht, ohne das Netz färben zu können, auf $\frac{22}{23} \cdot \frac{22}{23} = (\frac{22}{23})^2$. Diese Zahl von etwa 91,5% stellt nun Bernds neue Skepsis gegenüber Annes Behauptung dar. Nach drei Tests sinkt sein Glauben, daß Anne lügt, auf $(\frac{22}{23})^3$ oder 87, 5%. Und so weiter. Mit fortschreitender Anzahl bestandener Test fällt dieser Glaube auf wachsende Potenzen von $\frac{22}{23}$, die sich rasch (nämlich exponentiell) null nähern.

Bernd kann also den Prozeß anhalten, sobald er zufrieden ist, und er wird dann hinreichend überzeugt sein, daß Anne das Netz 3-färben

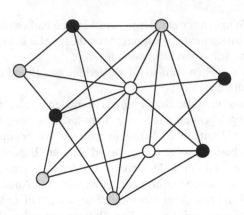

Abb. 6.5. Eine gültige 3-Färbung des Netzes aus Abbildung 6.3

kann, weil er selbst das Maß an Vertrauen bestimmt, das er erreichen möchte. (Im Beispiel hat er übrigens recht, wie Abbildung 6.5 zeigt.)

Im allgemeinen Fall eines Netzes mit N Linien sinkt die Wahrscheinlichkeit mit den Potenzen von $\frac{N-1}{N}$. Da es sich um ein exponentielles Abfallen handelt, braucht man in der Praxis nicht allzuviele Runden, um eine wirklich geringe Wahrscheinlichkeit zu erreichen. Und selbst mehrere Tausend Runden können bei der Interaktion zwischen einer Chipkarte und einem Computer äußerst schnell durchgeführt werden.[11]

Wie sieht es nun mit Bernds Wissen aus? Welche Kenntnisse hat er während der Ausführung dieses interaktiven Beweisprotokolls erlangt? Da er in jeder Runde eine andere Auswahl an Farben sieht und Anne keinen Zusammenhang zwischen den verschiedenen Farbauswahlen angibt, weiß Bernd nichts über die Farbzusammenhänge zwischen irgendwelchen Punkten des Netzes. Er hat lediglich ein paar isolierte Paare benachbarter und verschieden gefärbter Punkte gese-

---

[11] *Zero-Knowledge*-Protokolle, die auf anderen NP-vollständigen Problemen aufbauen, weisen oft noch schneller fallende Wahrscheinlichkeiten auf. Bei vielen hängt die Rate nicht von N ab. Falls die Wahrscheinlichkeit in jeder Runde um 50% abnimmt, bringt schon ein 100-Runden-Spiel Bernds Mißtrauen auf das vernachlässigbar kleine $1/2^{100}$.

hen. Dieses bruchstückhafte Wissen ist ihm von keinerlei Nutzen, da die benutzten Farben in jeder Runde wechseln.[12] Mit einer Formalisierung dieser Argumentation kann gezeigt werden, daß Bernd absolut nichts über Annes Färbungsschema erfährt – ein Wissenszuwachs der Größe null (*zero knowledge*). Technisch bedeutet dies: Nachdem das ganze Beweisprotokoll vollzogen ist, kann er nichts in polynomialer Zeit herausfinden, was er nicht vorher schon in polynomialer Zeit hätte herausfinden können. Insbesondere kann er selbst, wie bereits erwähnt, keinem anderen beweisen, daß das Netz 3-färbbar ist, obwohl er vollkommen davon überzeugt ist! Also hat Anne ihn lediglich davon überzeugt, daß sie das Netz mit 3 Farben färben kann, ihm aber nichts weiteres mitgeteilt.

Dieses *Zero-Knowledge*-Protokoll par excellence bildet einen weiteren interessanten Fall, bei dem sowohl die guten als auch die schlechten Nachrichten der Algorithmik in entscheidender Weise eingehen. Aber wie schon bei der *Public-Key*-Verschlüsselung, wo das vermutlich undurchführbare Faktorisierungsproblem als schwieriges Problem benutzt wurde, weiß auch hier niemand, ob man eine *Zero-Knowledge*-Interaktion auf einem *beweisbar* undurchführbaren Problem aufbauen kann. Zur Zeit werden üblicherweise NP-vollständige Probleme dafür benutzt. Falls jemals P = NP gezeigt werden sollte – falls also für die NP-vollständigen Probleme gute Lösungen gefunden würden –, bräche alles zusammen. Dann wären 3-Färbungen nicht mehr länger ein schwierig zu entdeckendes Geheimnis.

Über Millionäre, Wahlen und anderes

Es folgen nun noch ein paar andere Fälle, für die interaktive Protokolle gefunden wurden.

Angenommen, eine Gruppe von Millionären will herausfinden, wer unter ihnen der reichste ist, aber ohne irgendwelche Zahlen über ihre Vermögen zu enthüllen. Es gibt nun ein Protokoll, an dessen Ende jeder wissen wird, wer der reichste ist, doch ohne daß

---

[12] In Wirklichkeit könnte Anne auch jedesmal die gleichen Farben benutzen, aber mit vertauschten Rollen, so daß Bernd aus zwei verschiedenen Tests keinen Zusammenhang zwischen den Farben herstellen kann.

weitere Informationen ausgegeben werden. Wie schon erwähnt, bedeutet „keine weiteren Informationen", daß niemand, *nachdem* das Protokoll abgewickelt wurde, in polynomialer Zeit etwas über das Vermögen eines anderen herausfinden kann, was er nicht schon zuvor hätte herausfinden können. Dies beinhaltet sowohl absolutes Wissen über den Reichtum einer der Personen als auch relatives Wissen wie zum Beispiel, daß Hanne reicher als Hans ist. Natürlich verfügen alle danach über Wissen, daß in polynomialer Zeit aus der enthüllten Information *folgt*, wie zum Beispiel die Tatsache, daß jeder weniger Geld hat als der reichste unter ihnen.[13]

Ein ähnliches Protokoll existiert, um geheime Abstimmungen oder Wahlen abzuhalten. Die übliche elektronische Ausführung einer anonymen Abstimmung z. B. in einem Parlament besteht darin, daß jeder einen Ja-/Nein-Knopf drückt. Das funktioniert auch gut, und wenn man es wünscht, erhalten die Abstimmenden lediglich das Endergebnis und nicht die namentlichen Stimmabgaben. Ein Problem besteht aber darin, daß es stets *irgend jemanden* geben wird, der leicht herausfinden kann, wie die einzelnen Stimmabgaben aussehen (zum Beispiel den zuständigen Computerexperten). Auch hier ermöglichen es vor kurzem entwickelte Computerprotokolle, Abstimmungen so durchzuführen, daß *niemandem* irgendeine Information über die einzelnen Stimmabgaben enthüllt wird außer dem Endergebnis. Im Prinzip könnten solche Protokolle auch bei einer landesweiten Wahl ausgeführt werden, und vielleicht wird dies in Zukunft auch geschehen.

Diese beiden Beispiele sind Spezialfälle einer allgemeineren Situation, bei der es darum geht, eine von N Werten abhängige Funktion F zu berechnen. Im ersten Beispiel entsprechen die Werte den Vermögen der N Millionäre, und die Funktion F bestimmt den maximalen Wert (d. h. sie besagt, welcher der N Werte der größte ist). Wir hätten mit einer anderen Funktion F auch das Durchschnittsvermögen der Millionäre berechnen können. Im zweiten Beispiel sind die Werte die einzelnen Ja- bzw. Nein-Stimmen der Wähler und die Funktion F ist die Mehrheitsfunktion, die ein gesammeltes „Ja"

---

[13] A. C. Yao „How to Generate and Exchange Secrets", *Proc. 27th IEEE Symp. Found. Comput. Sci.*(1986), S. 162–167.

oder „Nein" erzeugt, je nachdem, welcher der beiden Werte häufiger erscheint. Wissenschaftlern ist es nun gelungen, ein allgemeines interaktives Protokoll zu entwerfen, das für eine *beliebige* Funktion F in PTIME (also eine in polynomialer Zeit berechenbare Funktion) zum einen F in polynomialer Zeit berechnet und zum andern *keine* weitere Information als nur den Wert von F herausgibt. Was nun undurchführbare Funktionen anlangt, so wissen wir wie üblich nur mit Problemen umzugehen, die vermuteterweise undurchführbar sind, wie Faktorisieren oder NP-vollständige Probleme, nicht aber mit bewiesenermaßen undurchführbaren. Aber auch so ist die allgemeine Technik bemerkenswert und besitzt noch viel mehr mögliche Anwendungen.[14]

Die *Public-Key*-Verschlüsselungssysteme, die interaktiven *Zero-Knowledge*-Beweise und viele andere Ideen aus diesem Bereich verwerten die besprochenen schlechten Nachrichten in einer völlig neuen Weise. Sie lassen uns aber mit gemischten Gefühlen zurück, denn noch niemand hat die verwendeten Protokolle auf wahrhaft festen Grund setzen können: Ihre Gültigkeit und Sicherheit gründet auf algorithmischen Problemen, von denen wir nur *glauben*, aber nicht wissen, daß sie schlecht sind.

Wenn die Angelegenheit nicht so ernst wäre, könnte man herzlich darüber lachen: Zu guter Letzt *hoffen* wir sogar, daß die schlechten Nachrichten bestehen bleiben!

---

[14] O. Goldreich, S. Micali, A. Wigderson „How to Play any Mental Game – A Completeness Theorem for Protocols with Honest Majority", *Proc. 19th ACM Symp. on Theory of Computing* (1987), S. 218–229.

7 Können wir selbst es besser?

Unsere Abhandlung über den „harten Kern" der schlechten Nachrichten in der Algorithmik war mit dem fünften Kapitel abgeschlossen. Damit hätte unsere Geschichte auch enden können. In Kapitel 6 ging es darum, ob, wann und wie die Dinge herumgedreht werden können. Auch danach hätten wir aufhören können. Es scheint aber angebracht, das Buch mit schlechten Nachrichten einer anderen Art zu beenden: Welche Schwierigkeiten tauchen auf, wenn wir Computer als möglicherweise intelligente Wesen ansehen?

Bei der Computertomographie z. B. vom Gehirn eines Patienten werden aus wechselnden Winkeln unzählige Röntgenaufnahmen erstellt. Ein Computer analysiert dann die dadurch erzeugte Datenmenge in Echtzeit, um ein Bild des Gehirns zu erhalten, etwa um Querschnittsbilder zu errechnen, die Informationen über die Gewebestruktur liefern und es ermöglichen, Tumore oder Flüssigkeitseinlagerungen zu entdecken. Hingegen kann kein heutiger Computer aus einem gewöhnlichen Porträtfoto des gleichen Patienten mit einem Fehler von ungefähr fünf Jahren dessen Alter bestimmen, wozu jedoch die meisten Menschen in der Lage sind.

Computer können äußerst komplizierte Industrieroboter steuern, die z. B. Autos aus ihren vielen Bestandteilen vollständig zusammenbauen. Im Gegensatz dazu sind selbst unsere weitestentwickelten Computer nicht in der Lage, einen Roboter so zu steuern, daß er mein überfülltes Büro halbwegs in Ordnung brächte (was ein normaler Mensch leicht könnte – wenn man ihn gehörig unter Druck setzte, natürlich). Oder daß er ein Vogelnest aus einem Haufen Zweige zusammenbaut (was einem normalen Vogel keine Schwierigkeit bietet).

Die sogenannte **künstliche Intelligenz**[1] (KI) ist ein faszinierendes und aufregendes Forschungsgebiet. Aber auch ein strittiges und spekulatives. Da es auch hier um Computer und Programme geht, ist die KI allen bislang besprochenen schlechten Nachrichten unterworfen. Sie leidet aber auch unter schlechten Nachrichten einer „weicheren" Art, die von der Schwierigkeit herkommen, wirkliche Intelligenz zu bestimmen und herauszufinden, wie man sie nachbildet.

Jemand sagte einmal, die Frage, ob Computer denken können, gleiche der Frage, ob U-Boote schwimmen können.[2] Diese Analogie ist ziemlich stimmig. Wir wissen alle mehr oder minder, wozu U-Boote in der Lage sind – und sie können *in der Tat* so etwas wie schwimmen. Aber wirkliches Schwimmen bringen wir mit organischen Wesen in Verbindung, mit Menschen und Fischen, nicht mit U-Booten. In Analogie dazu mögen wir eine ziemlich gute Vorstellung von den Fähigkeiten einer Rechenmaschine besitzen; aber wahres Denken verknüpfen wir im Geiste mit *Homo Sapiens* oder mit einigen weitentwickelten Säugetieren wie Affen und Delphinen, nicht aber mit einer Ansammlung von *Bits* und *Bytes* auf Silikonbasis. Sei dies, wie es sei: Es ist nicht von vornherein ausgeschlossen, daß wir menschliche Intelligenz auf Computern nachbilden könnten. Aber es ist sicherlich nicht einfach.

Algorithmische Intelligenz?

Wie kann ein computergesteuerter Roboter ein Auto zusammenbauen? Warum ein Auto und kein Vogelnest? Warum gibt es Computertomographie, aber keine verläßliche automatisierte Gesichtserkennung? Was ist so schwierig daran, einen Computer zu bauen, der auf einer Art Gestell in mein Büro fährt, mit einer Reihe von raffinierten Videokameras, fortschrittlichen Roboterarmen und modernster Software für das Hirn ausgestattet ist, der einen gründlichen Blick umherwirft (ein „na, na, David" murmelnd) und dann auf effiziente Weise Dinge erkennt, Papiere, Bücher, Ordner und Briefe

---

[1] Der Ausdruck wurde von J. McCarthy geprägt.
[2] Der Ausspruch stammt von E. W. Dijkstra.

aufräumt und aussortiert, Schreibzeug an seinen Platz in die Schubladen legt, Abfall wegwirft, abstaubt und Kaffeetassen spült, den Teppich ausschüttelt und schließlich einen netten Zettel hinterläßt: „Ihr Reinigungspersonal heute war R2D6".

Nun, es liegt hier kein Widerspruch vor. Bei der Autoherstellung sind die Roboter so programmiert, daß sie einer vielleicht langwierigen, aber exakten Arbeitsplanung komplexer Handlungen folgen, indem sie Teile an genau vorbestimmten Stellen suchen und sorgfältig bestimmte Dinge mit ihnen tun. Manchmal können sie umprogrammiert werden, um andere Aufgaben zu übernehmen, und einige ganz moderne können ihr Verhalten bestimmten wechselnden Situationen anpassen. Aber im allgemeinen sind computergesteuerte Roboter nicht fähig, neue Umgebungen aufzunehmen, Situationen zu erfassen und einzuschätzen, Entscheidungen zu treffen oder einen Plan zu erstellen und auszuführen. Hirntomographie folgt einer komplizierten, aber wohlbestimmten algorithmischen Vorgehensweise, wohingegen die Fähigkeit, das Alter einer Person aus einem Foto zu bestimmen, wirklicher Intelligenz bedarf.

Es gab einige Erfolge – spektakuläre Erfolge, wenn man weiß, wie schwierig es ist –, mit gewissen wohlbestimmten Situationen umzugehen. Zum Beispiel verschiedene Autotypen auf Fotos zu erkennen, die aus verschiedenen Winkeln aufgenommen wurden. Oder in einer „Klötzchenwelt" Aufforderungen der Art „stelle einen roten Würfel auf zwei grüne Zylinder und den gelben Klotz" nachzukommen.[3] Aber wir wissen nicht, wie wir einem Computer beibringen sollen, mit einem Haufen Zweige umzugehen, die alle möglichen Formen und Größen haben können, oder mit einer hochgradig vielfältigen Umgebung wie einem Büro. Dazu würde man ein Maß an Intelligenz benötigen, das sehr weit über den heutigen algorithmischen Möglichkeiten liegt. Selbst die Fähigkeit, einen einfachen Ort wie ein gewöhnliches Wohnzimmer zu überschauen und zu „verstehen" – was jedes Kind beherrscht –, liegt weit über den derzeitigen Möglichkeiten von Visualisierungssystemen.

---

[3] T. Winograd *Understanding Natural Language*, Academic Press, New York 1972.

Wir wissen viel zu wenig über die Möglichkeit, Intelligenz zu computerisieren oder algorithmisieren. Schon der Ausdruck „Künstliche Intelligenz" – wir sollten ihn in **algorithmische Intelligenz** umbenennen*, damit er besser zum Rest des Buches paßt – scheint ein Widerspruch in sich. Wir neigen dazu, Intelligenz als unser wesentliches Merkmal anzusehen, als *nicht programmierbar* und daher *nicht algorithmisch*. Für viele klingt allein die Vorstellung einer intelligenten Maschine schon unmöglich.

Der Turing-Test

Viele Argumente sind vorgebracht worden, die eine intelligente und denkende Maschine unvorstellbar erscheinen lassen. Denken, so behaupten einige, gehe notwendigerweise mit Emotionen und Gefühlen einher, und kein Computer könne hassen, lieben oder wütend werden. Andere behaupten, intelligentes Denken habe notwendigerweise Originalität und Bewußtsein zur Folge, und kein Computer könne schöpferisch tätig sein, sondern nur im voraus Programmiertes erzeugen, was dann keine Neuschöpfung des Computers wäre. Und von wirklichem Bewußtsein kann noch lange nicht die Rede sein. Zu vielen dieser Behauptungen gibt es Gegenargumente, doch sie liegen außerhalb der Reichweite dieses Buches.[4]

---

* Mit der im Englischen gleichen Abkürzung wie *artificial intelligence* (künstliche Intelligenz). Im folgenden steht weiterhin *KI. Anm. des Übers.*

[4] Siehe J. R. Lucas „Minds, Machines, and Gödel", *Philosophy* **36** (1961), S. 112–117; H. Dreyfus *What Computers Can't Do* (durchgesehene Auflage), Harper & Row, New York 1979; Y. Wilks „Dreyfus' Disproofs", *British J. Philos. Sci.* **27** (1976), S. 177–185; D. R. Hofstadter *Gödel, Escher, Bach: An Eternal Golden Braid*, Basic Books, New York 1979 (dt. *Gödel, Escher, Bach: Ein Endloses Geflochtenes Band*, Klett-Cotta 1999); H. Gardner *The Mind's New Science*, Basic Books, New York 1985 (dt. *Dem Denken auf der Spur. Der Weg der Kognitionswissenschaft*, Klett-Cotta 1989); J. V. Grabiner „Computers and The Nature of Man: A Historian's Perspective on Controversies about Artificial Intelligence", *Bull. Amer. Math. Soc.* **15** (1986), S. 113–126; R. Penrose *The Emperor's New Mind: Concerning Computers, Minds, & the Laws of*

Trotzdem kann man sagen, daß eine als intelligent zu bezeichnende Maschine allermindestens ein menschenähnlich intelligentes Verhalten aufzeigen müßte. Damit soll nicht gemeint sein, daß sie wie ein Mensch läuft, sieht oder redet, sondern nur, daß sie wie ein Mensch Schlüsse zieht und antwortet. Wie auch immer die Kriterien für Intelligenz aussehen, auf die man sich einigt, *irgend jemand* muß in der Lage sein zu überprüfen, ob sie von einer vorgeschlagenen Maschine erfüllt werden oder nicht. Wer ist qualifiziert, einen solchen Test auszuführen, wenn nicht ein lebender intelligenter Mensch? Dies führt zu der Idee, eine Maschine als intelligent zu bezeichnen, wenn sie einen durchschnittlichen Menschen davon überzeugen kann, daß ihr Verstand sich nicht von dem eines anderen durchschnittlichen Menschen unterscheidet.

Vor genau fünfzig Jahren schlug Alan Turing eine Möglichkeit vor, ein solches Experiment durchzuführen – heute gemeinhin **Turing-Test** genannt.[5] Der Test benötigt drei Räume. Im ersten sitzt ein Mensch, der Fragen stellt – nennen wir ihn Anne. Im nächsten Raum sitzt ein anderer Mensch und im dritten ein auf Intelligenz zu testender Computer. Die Befragerin Anne kennt nur die Namen der beiden anderen, Bernd und Christine, weiß aber nicht, wer der Mensch und wer der Computer ist. Alle drei Räume sind mit Computerterminals versehen, wobei das von Anne mit denen von Bernd und Christine verbunden ist (siehe Abbildung 7.1). Anne verfügt nun über eine vorgegebene Zeitspanne, sagen wir 30 Minuten, während der sie die Identität von Bernd und Christine bestimmen muß. Sie kann jedem der beiden alle möglichen Fragen und Aussagen schicken. Der Computer muß dann sein Bestes geben, um Anne zu täuschen und den Eindruck zu erwecken, ein Mensch zu sein. Der Computer besteht den Test, wenn Anne nach der zuge-

Physics, Viking Penguin, New York 1990 (dt. *Computerdenken. Die Debatte um Künstliche Intelligenz, Bewußtsein und die Gesetze der Physik*, Spektrum Akademischer Verlag 1991); J. R. Searle *Minds, Brains, and Science*, Harvard University Press, Cambridge MA 1984 (dt. *Geist und Hirn*, Suhrkamp 1992).

[5] A. M. Turing „Computing Machinery and Intelligence", *Mind* **59** (1950), S. 433–460.

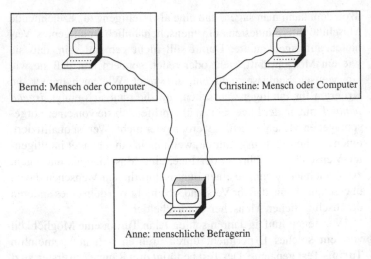

Abb. 7.1. Der Turing-Test

teilten Zeit nicht weiß, wer der Computer ist, Bernd oder Christine.
Um ein simples Raten von Seiten Annes auszuschließen, lassen wir
den Computer in Wirklichkeit mehrere Sitzungen durchlaufen, mit
wechselnden Namen oder auch wechselnden Befragern.[6]

Bevor wir weitermachen, sollten wir klarstellen, daß noch kein
Computer auch nur annähernd fähig ist, diesen Test zu bestehen.
Viele Wissenschaftler glauben, daß dies nie der Fall sein wird.

Versuchen wir, ein Gefühl für die enormen Schwierigkeiten dieses Tests zu bekommen. Wie müßte ein intelligentes Programm auf
die folgenden Fragen von Anne reagieren?

1. Sind Sie ein Computer?
2. Wieviel Uhr ist es?
3. Wann wurde Präsident Kennedy ermordet?

---

[6] Der programmierte Computer muß in der Lage sein, sich in einer
natürlichen Sprache wie dem Deutschen frei zu unterhalten. Wir ver-
zichten aber auf die Anforderung, daß er hören und reden kann; daher
die elektronische Verbindung.

4. Wieviel ergibt 454 866 296 mal 66 407?
5. Kann in folgender Schachposition Weiß in einem Zug gewinnen?
6. Beschreiben Sie Ihre Eltern.
7. Was empfinden Sie bei folgendem Gedicht?
8. Was halten Sie von Charles Dickens?
9. Wie stehen Sie zu den Kosten, welche die Aufrechterhaltung der NATO verursacht, wenn man an die Millionen hungerleidender Menschen auf der Erde denkt?

Mit den ersten beiden Fragen kann ein Computer ziemlich leicht umgehen. Auf die erste Frage muß er mit „nein" antworten, für die zweite kann er seine eingebaute Uhr benutzen. Für Frage 3 muß der Computer Zugang zu einer umfangreichen Wissensansammlung haben, welche dem Wissen eines Menschen entspricht. Das ist kein großes Problem; nur muß der Programmentwickler eine Auswahl treffen. Es reicht nicht aus, dem Computer die *Brockhaus-Enzyklopädie* oder die ganze *Encyclopedia Britannica* zugänglich zu machen, auch nicht in elektronischer Form mit *Hyperlinks*. Es gibt viele Gründe hierfür (einer ist, daß die schiere Wissensmenge den Computer verraten könnte). Frage 4 sieht leicht aus – Computer scheinen für diese Aufgaben am besten geeignet –, aber sie ist auch subtil: Wir sollten den Computer so programmieren, daß er eine Weile wartet, bevor er antwortet – auch die Lichtgeschwindigkeit könnte ihn verraten. Für Frage 5 muß er natürlich über einiges an Schachwissen verfügen, einschließlich der Fähigkeit, über neue Stellungen nachzudenken. Aber auch hier stellt sich die Frage: Sollen wir ihm auch Dame, Go, Poker und Bridge beibringen? Antworten auf Fragen wie Frage 6 müssen natürlich vorbereitet sein. Anne könnte aber auf eine Antwort eingehen, indem sie eine gewisse unerwartete Kleinigkeit verfolgt, die nicht in einer vorgefertigten Antwort abgehandelt ist (z. B. „Warum genau entschied sich Ihr Vater, den Bart wachsen zu lassen?"). Die Fragen 7, 8 und 9 sind weitaus schwieriger. Hier müssen Vorlieben, Meinungen, Gefühle und Folgen der Erziehung zum Tragen kommen, zusammen mit der Fähigkeit, diese zu untermauern und miteinander in Verbindung zu setzen. Kurz gesagt: der geprüfte Computer muß mit einer wirklichen Persönlichkeit ausgestattet sein – eine harte Arbeit!

ELIZA und Zupchoks

Wenn man einen Computer so programmieren möchte, daß er den Turing-Test besteht, sieht man sich mit einer immensen Vielfalt an Themen konfrontiert, auf die ein Gespräch führen kann. In sehr eingeschränkten Gesprächsbereichen gab es schon gewisse Erfolge darin, menschliche Gespräche nachzuahmen. Vor fast 35 Jahren wurde ein Programm namens ELIZA geschrieben, das sich in beeindruckender Weise als Psychoanalytiker betätigte.[7] So beeindruckend, daß einige Menschen sich ihm tatsächlich so anvertrauten, wie sie sich nie einem anderen Menschen anvertraut hätten! Hier folgt ein typischer Gesprächswechsel:

Person: „Meine Frau sagt, ich wäre oft deprimiert."
ELIZA: „Es tut mir leid zu hören, daß Sie deprimiert sind."
Person: „In Wahrheit bin ich ziemlich unglücklich."
ELIZA: „Glauben Sie, es würde Ihnen helfen, wenn Sie hierher kämen?"
Person: „Vielleicht kann ich herausfinden, wenn ich mit Ihnen spreche, warum ich meinen Bruder so hasse."
ELIZA: „Erzählen Sie mir mehr über Ihre Familie."

Interessanterweise ist ELIZA in keiner Hinsicht irgendwie intelligent. Tatsächlich ist das Programm sogar ziemlich blöd. Der Eindruck, ein aufmerksamer Therapeut zu sein, ist in Wirklichkeit ein raffinierter Betrug. Meistens konzentriert es sich nur auf einzelne Wörter oder Sätze, auf die zu achten ihm beigebracht wurde, und antwortet darauf, indem es zufällig aus einer kleinen Anzahl festgelegter Antworten wählt. Ein typisches Beispiel bildet die Antwort „Erzählen Sie mir mehr über Ihre Familie", die von dem Wort „Bruder" ausgelöst wurde. Oft verwandelt ELIZA lediglich eine ankommende Aussage in eine Frage oder einen sinnlosen Satz. So zum

---

[7] J. Weizenbaum „ELIZA - A Computer Program for the Study of Natural Language Communication between Man and Machine", *Comm. Assoc. Comput. Mach.* **9** (1966), S. 36–45.

Beispiel in dem Austausch über das Unglücklichsein der Person. Um all dies tun zu können, benutzt es einen einfachen Mechanismus, der die Grobstruktur der ankommenden Sätze analysiert.

Seltsame Dinge würden passieren, versuchte man, ELIZAs Intelligenz zu testen anstatt mit seinen Problemen herauszusprudeln. Falls wir etwa sagten: „Ich war Schwester in einem Kloster in Burma" oder „Ich bewundere Mutter Teresa", würde das Programm wohl mit demselben sinnlosen „Erzählen Sie mir mehr über Ihre Familie" antworten. Bestimmt wäre seine Antwort auf die NATO-Frage vergleichbar amüsant. ELIZA hat natürlich keine Chance, den Turing-Test zu bestehen. Dafür wurde es auch nicht konstruiert. ELIZA sollte vielmehr zeigen – und war überaus erfolgreich damit –, daß es einfach ist, intelligent zu *erscheinen*, zumindest kurzzeitig, für einen unkritischen Beobachter und bei einem begrenzten Gesprächsstoff. *Wirklich* intelligent zu sein, ist ein anderes Problem.

Um den Unterschied zwischen echter Intelligenz im Turing-Test und den flachen, aber irreführenden Gesprächsfähigkeiten eines Programmes wie ELIZA besser einschätzen zu können, folgt hier ein hypothetischer Austausch zwischen Anne, einer „Turing-Testerin", und Bernd, einem Kandidaten mit wirklicher Intelligenz:[8]

Anne: „Was ist ein Zupchok?"
Bernd: „Ich habe keine Idee."
Anne: „Ein Zupchok ist ein fliegender, romanschreibender Wal. Man hat ihn über Generationen in einem Labor gezüchtet und seine Flossen so entwickelt, daß sie flügelähnlich und flugtauglich wurden. Außerdem brachte man ihm nach und nach Lesen und Schreiben bei. Er besitzt eine gründliche Kenntnis moderner Literatur und kann Geistergeschichten schreiben, die man veröffentlichen könnte."
Bernd: „Wie seltsam!"
Anne: „Glauben Sie, daß es Zupchoks gibt?"
Bernd: „Nein, das ist unmöglich."
Anne: „Warum?"

---

[8] Nach: I. Pohl, A. Shaw *The Nature of Computation: An Introduction to Computer Science*, Computer Science Press, Rockville MD 1981.

Bernd: „Da gibt es viele Gründe. Erstens ist unsere Genforschung noch lange nicht so weit, Flossen in Flügel verwandeln zu können. Außerdem kann kein 10-Tonnen-Tier ohne Motor die Schwerkraft überwinden, indem es einfach mit diesen Dingern wedelt. Zweitens: Die Geschichte mit dem Romanschreiben verdient eigentlich gar keine Antwort, denn um eine gute Geschichte zu schreiben, braucht man viel mehr als nur die technischen Fähigkeiten, Lesen und Schreiben zu können. Das Ganze klingt einfach lächerlich. Können wir nicht über etwas Interessanteres reden?"

Um dieses Gespräch führen zu können, muß Bernd – ob er nun ein Mensch oder eine Maschine ist – ziemlich hochentwickelte Fähigkeiten besitzen: Er (oder sie) muß über ein umfangreiches **Wissen** in bestimmten Gebieten verfügen, hier zum Beispiel über Wale, das Fliegen, das Schreiben von Romanen und die Schwerkraft. Er/sie muß fähig sein, völlig neue Konzepte zu **lernen**, deren Definition aufzunehmen und mit bekannten Dingen in Beziehung zu setzen. Und er/sie muß fähig sein, aus dem neu erworbenen Wissen Dinge **abzuleiten** – etwa, daß Gentechnik mehr mit Zupchoks zu tun hat als vielleicht algebraische Geometrie oder chinesische Philosophie. In diesem speziellen Fall muß er/sie sogar Sinn für Humor haben. Wissen, Lernen und Deduktion sind drei grundlegende Bereiche in der Künstliche-Intelligenz-Forschung.

Heuristiken

Spiele bilden eines der Spezialgebiete, auf denen die KI-Forschung bedeutende Ergebnisse erzielt hat.[9] Zum Beispiel gibt es viele Programme, die ausgezeichnet Dame spielen und regelmäßig ihre Entwickler schlagen. Das bekannteste davon, ein erstaunlich gutes Programm, heißt *Chinook*.[10] Gleiches gilt auch für andere Spiele.

---

[9] D. Michie „Game Mastery and Intelligence", in: K. Furakawa, D. Michie, S. Muggleton (Hrsg.) *Machine Intelligence 14*, Clarendon Press, Oxford 1995.

[10] J. Schaeffer „*One Jump head: Challenging Human Supremacy in Checkers*", Springer Verlag, New York 1997.

Zum Beispiel konnte schon vor 20 Jahren ein Computerprogramm den Weltmeister im Backgammon schlagen (zwar wurde der Computer nicht zum neuen Weltmeister, da nicht in einem offiziellen Turnier gespielt wurde, dennoch war es ein Sieg). Heutzutage spielt ein Programm namens *TD-Gammon* regelmäßig auf dem Niveau der weltbesten Backgammonspieler.

Computerschach ist gar ein Thema mit einer bemerkenswerten Geschichte um geniale Software, erstklassige menschliche Spieler, preisgekrönte Herausforderungen, öffentliche Turniere sowie Triumphe und bittere Niederlagen auf beiden Seiten. Zu den wichtigsten spielenden Computern gehören Programme namens *Chess Genius*, *Zugzwang*, *StarSocrates* und *Deep Thought*, und das berühmteste in der Reihe: *Deep Blue*.[11] Heraus kam folgendes: Im Mai 1997 spielte Gary Kasparow, Schachweltmeister und einer der weltbesten Schachspieler aller Zeiten, gegen *Deep Blue*, ein Programm, das von einer Gruppe von IBM-Programmierern geschrieben wurde und auf einem Supercomputer läuft. *Deep Blue* gewann das Turnier aus sechs Spielen mit 3,5 zu 2,5.[12] Obwohl irgendwie erwartet, verblüffte dieser Sieg die Welt. Aber vielen ist klar, daß irgendwann ein Computerprogramm offizieller Schachweltmeister werden wird. Zur Zeit verweigern die internationalen Verbände es noch, Schachprogramme in die Ranglisten aufzunehmen. In den USA haben die Schachfunktionäre es nur widerwillig erlaubt, Computer bei offiziellen Turnieren zuzulassen. Aber dies scheinen Spitzfindigkeiten zu sein. Früher oder später wird man *Deep Blue* oder einem seiner Nachfolger einen offiziellen Titel zuerkennen.

Dies bedeutet nicht, daß solche Programme perfekt sind. Wenn sie es wären, würden sie kein einziges Spiel verlieren. Warum können Programme nicht *perfekt* Schach oder Dame spielen und beständig und leicht die besten menschlichen Spieler schlagen? Warum kann ein Computer nicht alle möglichen Züge durchgehen und stets den

---

[11] D. Levy, M. Newborn *How Computers Play Chess*, Computer Science Press, New York 1991; M. Newborn, M. Newborn *Kasparov Versus Deep Blue: Computer Chess Comes of Age*, Springer-Verlag, New York 1996.

[12] B. Pandolfini *Kasparov and Deep Blue: The Historic Chess Match Between Man and Machine*, Fireside, New York 1997.

besten auswählen? Die Antwort liegt in der Anzahl der Möglichkeiten. Für einige einfache Spiele stellt dies kein Problem dar. Bei *Tic-Tac-Toe* (Kringel und Kreuze)* hat der erste Spieler neun mögliche Züge, auf die der Gegenspieler auf acht Arten antworten kann, der erste Spieler wiederum auf sieben, und so weiter bis zum letzten Zug. Die Gesamtanzahl an Möglichkeiten für ein ganzes Spiel beträgt also nicht mehr als $9! = 362\,880$. Daher kann man leicht einen Computer so programmieren, daß er perfekt *Tic-Tac-Toe* spielt.

Bei Schach hingegen ist es eine andere Geschichte. Weiß hat 20 mögliche Züge, um zu beginnen. Die mittlere Anzahl an möglichen Zügen in einer beliebigen Schachstellung liegt bei etwa 35. Und ein Spiel kann leicht 80 bis 100 Züge lang sein (Weiß und Schwarz getrennt gezählt). Also wären für ein typisches Spiel etwa 35^{100} Möglichkeiten durchzuprobieren. In Kapitel 3 haben wir einige solcher Zahlen gesehen: 35^{100} übertrifft um viele, viele Größenordnungen die Anzahl der Protonen im Universum oder die Anzahl der Mikro- oder Nanosekunden seit wann auch immer ... Selbst wenn wir die buchhalterischen Aufgaben und den Speicherplatzbedarf bei der stumpfsinnigen Suche durch alle möglichen Züge vernachlässigen und annehmen, daß jeder Zug in einer Nanosekunde geprüft werden kann, selbst dann ist es einfach unmöglich, daß ein Computer sich in vernünftiger Zeit jede mögliche Stellung anschaut. Es gibt also keine Hoffnung auf ein perfektes Schachprogramm. Auf einen Computer als Weltmeister schon, auf ein perfektes Programm nicht.[13]

Wie funktionieren aber nun gute Schachprogramme? Dies ist ein zu kompliziertes Thema, um hier darauf eingehen zu können. Ganz kurz beschrieben besteht eine wesentliche Methode darin, **Heuristiken** oder Daumenregeln zu benutzen. Eine typische heuristische Suche benutzt intuitive Regeln, die dem Programm vom Programmierer einverleibt wurden und es anleiten, gewisse Teile aus dem

---

* Kringel und Kreuze werden abwechselnd in ein Gitter aus 3×3 Kästchen gesetzt. Gewonnen hat, wer zuerst drei Kringel bzw. drei Kreuze in einer Reihe erreicht. *Anm. des Übers.*

[13] Für Dame sind die Zahlen nicht gar so hoch, aber ein perfektes Dameprogramm steht auch außer Frage.

Meer an Möglichkeiten zu übergehen. Zum Beispiel könnte eine Art von Regel vorschreiben, daß, wenn in den letzten vier Zügen sich nichts in der Zwei-Felder-Umgebung eines gewissen Bauern geändert hat, dieser Bauer nicht bewegt wird und alle daraus resultierenden Möglichkeiten in der Suche übergangen werden. Diese Regel könnte sich als sehr sinnvoll herausstellen – sie verringert auf jeden Fall die Arbeit –, aber sie könnte auch den Verlust des Spiels bedeuten: Kasparow würde vielleicht gerade diesen Bauern vorrücken und das Spiel in fünf Zügen gewinnen. Natürlich ist das ein sehr vereinfachendes Beispiel; die Heuristiken in wirklichen Schachprogrammen sind viel komplizierter. Trotzdem bleiben sie Heuristiken, und ein ihnen folgendes Programm kann sehr wohl den besten Zug verpassen.

Das Wesen heuristischer Suche kann man auf nette Art erklären, wenn man an die Suche nach einer verlorenen Kontaktlinse denkt: Sie können *blind* suchen, indem Sie sich nach vorne beugen und zufällig nach der Linse tasten. Sie können *systematisch* suchen, indem Sie methodisch immer größere Kreise um einen Startpunkt herum absuchen. Diese Suche wird irgendwann erfolgreich sein, aber sie erfordert sehr viel Zeit. Eine dritte Möglichkeit besteht in der *analytischen* Suche, bei der präzise mathematische Gleichungen aufgestellt und gelöst werden, denen gemäß die Linse gefallen sein muß, wobei Wind, Schwerkraft, Luftreibung ebenso wie die genaue Gestalt, Spannung und Struktur der Oberfläche beachtet werden. Auch dies führt bei richtiger Ausführung garantiert zum Erfolg, ist aber offensichtlich nicht durchzuführen.

Im Gegensatz zu diesen Methoden würden die meisten von uns eine *heuristische* Suche benutzen. Wir würden erst die ungefähre Richtung bestimmen, in welche die Linse gefallen ist, dann die Entfernung abschätzen und unsere Suche auf das sich ergebende Gebiet einschränken. Heuristiken können aber keinen Erfolg garantieren; Daumenregeln bleiben Daumenregeln. (Dann gibt es natürlich noch eine fünfte Vorgehensweise, die *faule* Suche: Man geht zum nächsten Optiker und kauft sich eine neue Linse.)

In gewisser Weise ähnelt die Benutzung von Heuristiken dem Werfen von Münzen. In Kapitel 5 haben wir gesehen, wie sich Ver-

besserungen ergeben, wenn man den Launen des Zufalls folgt: Die
Anzahl der Möglichkeiten, die wir glauben durchgehen zu müssen,
verringert sich bedeutend; viele bleiben unbeachtet. Wir sind bereit gewesen, eine Zahl als Primzahl zu bezeichnen, obwohl wir
nicht alle möglichen Zeugen für die eventuelle Nichtprimheit getestet hatten. Da auch dabei der Erfolg nicht garantiert ist, könnte man
das Münzenwerfen als eine *blinde* Heuristik betrachten, als eine Art
Daumenregel ohne dahinterstehende Idee. Doch es gibt einen wichtigen Unterschied. Bei den probabilistischen Algorithmen ersetzt
Analyse die Intuition. Denn indem wir sorgsam definierte Mengen
vernachlässigbarer Möglichkeiten betrachten und den Zufall benutzen, um zu entscheiden, welche tatsächlich vernachlässigt werden,
können wir die Erfolgswahrscheinlichkeit streng analysieren und
präzise Aussage über die Leistungsstärke des Algorithmus aufstel-
len. Bei Algorithmen, welche Heuristiken benutzen, ist das häufig
nicht möglich.

Allerdings ist diese Darstellung der Heuristiken allzu vereinfa-
chend. In Wirklichkeit handelt es sich um viel mehr als nur ein paar
simple Regeln, welche das Programm dazu bringen, bei der Suche
einige Möglichkeiten zu übergehen. Während der Suche muß auch
die Güte einer Möglichkeit *bewertet* werden. Zum Beispiel müssen
die Entwickler eines Schachalgorithmus sich der Frage stellen, welchen Wert eine Stellung für Weiß hat. Situationen zu bewerten, um
einem Algorithmus bei Entscheidungen zu helfen, stellt eine der
größten Herausforderungen des heuristischen Programmierens dar.

Auch bei einem medizinischen Diagnosesystem gibt es eine
ungeheure Anzahl an Möglichkeiten, wodurch eine heuristische Suche erforderlich wird, bei welcher die beobachtbaren Symptome des
Patienten und ihre oder seine Antworten auf Fragen das System
steuern. Das Bewertungsproblem – wie bedeutend ist eine gewisse
Menge an Möglichkeiten für die gesuchte Enddiagnose? – ist hier
extrem schwierig. Tatsächlich besteht eine der nützlichsten Ergebnisse der KI-Forschung in der Entwicklung geistreicher Bewertungs-
techniken für heuristisches Suchen.

Was ist Wissen?

Heuristiken und heuristische Suche stellen nur einen Aspekt der algorithmischen Intelligenz dar. Wir müssen auch einen Weg finden, um das **Wissen** zu repräsentieren, mit dem intelligente Algorithmen umzugehen haben. Viele KI-Programme besitzen einen speziellen „Was ist als nächstes zu tun"-Teil, der auf dem „weichen" Begriff der Heuristik gründet statt auf der „harten" deterministischen und analytischen Methode gewöhnlicher Algorithmen. In Analogie dazu sind auch viele der „Worüber sprechen wir"-Teile von KI-Algorithmen besonders konzipiert und beruhen auf den „weichen" Begriffen von assoziativem Wissen und ungleichmäßig verbundenen Daten statt auf den wohlgeordneten, sorgfältig geregelten Datenstrukturen und Datenbanken gewöhnlicher Algorithmen.

Was aber *ist* Wissen?

Daß zwei mal vier gleich acht ist und daß Frankreich in Europa liegt, ist Wissen, aber auch, daß alle Giraffen lange Hälse haben, daß Isaak Newton genial war, und daß Akademiker, die nicht publizieren, untergehen (*Publish or perish*). Was aber heißt „lang" oder „genial", und ist „untergehen" wörtlich zu verstehen? Wie repräsentieren wir solche Tatsachen in unserem Gehirn oder in den Wissensdatenbanken der Computer? Wie benutzen wir sie? Kein Programm kann intelligent genannt werden – ob es nun in einem so engen Gebiet wie Schach oder einer Klötzchenwelt zu Hause ist oder ein Kandidat für den Turing-Test –, wenn es nicht über angemessene Möglichkeiten verfügt, um Wissen zu speichern, aufzufinden und damit umzugehen.

Die Schwierigkeit wurzelt in der Beobachtung, daß menschliches Wissen nicht nur aus einer Ansammlung von Tatsachen besteht. Nicht nur die reine Anzahl und der Umfang der Tatsachen überwältigen (manche Wissenschaftler schätzen die Zahl auf 30–50 Millionen), sondern in weit größerem Maße ihre Zusammenhänge und Verknüpfungen. Wissensstücke sind auf die vertrackteste und komplizierteste Weise miteinander verwoben; sie besitzen zahlreiche Teilaspekte, Merkmale und Abstraktionsebenen. Und sie ändern sich beständig, wachsen oder verschieben sich, wie auch ihre Verbindungen untereinander. Wir wissen sehr wenig über die Art und

Weise, wie wir selbst die ungeheuren Mengen an Wissen, die wir
während unserer Lebenszeit anhäufen, speichern und handhaben.
Es ist einfach zu behaupten, daß auch wir nur endliche Maschinen seien und daher simuliert werden könnten. In Wirklichkeit ist
die Wissensbank eines Menschen *unglaublich* kompliziert, und ihre
Arbeitsweise liegt weit jenseits unseres Verstehens.

Dennoch gibt es beeindruckende Fortschritte in der computeri-
sierten Wissensrepräsentation, und viele Modelle sind für die Benutzung in intelligenten Programmen vorgeschlagen worden. Einige
gründen auf gewöhnlichen Datenbanksystemen, andere auf sorgsam konstruierten logischen Formalismen. Einer der interessantesten Vorschläge benutzt *neuronale Netze*, ein Berechnungsmodell,
das die Verbindungen und die Informationsweitergabe zwischen den
Neuronen im Gehirn zu simulieren versucht. Sobald wir uns aber
außerhalb eines kleinen und wohlbestimmten Gesprächsbereichs
bewegen, werden die Verbindungen viel zu kompliziert, als daß
wir wüßten, wie wir sie in dieser Weise modellieren könnten. Die
üblichen neuronalen Netze sind dann weitgehend unangemessen.
Die Wissensteile zu finden, welche für eine Entscheidung, die ein
intelligentes Programm zu fällen hat, bedeutend sind, ist eine wahr-
hafte Herausforderung. Neuronale Netze werden gewinnbringend
für viele Arten von automatisierten Aufgaben eingesetzt, indem man
ihre Fähigkeit zur Flexibilität und Anpassung (also zum Lernen, aber
dazu später) ausnutzt. Aber auch sie sind weit entfernt davon, wahre
Intelligenz zu zeigen.

Eine besondere Art wissensintensiver Programme werden **Expertensysteme** genannt. Diese gründen auf Regeln, welche menschliche Experten befolgen, um bestimmte Probleme zu lösen. Ein
Expertensystem wird typischerweise aufgebaut, indem man Experten über die Art und Weise befragt, wie sie ihr Wissen benutzen,
um ein gegebenes Problem anzugehen. Der (menschliche) Befra-
ger, auch Wissensingenieur genannt, versucht die von den Experten
benutzten Regeln zu entdecken und zu formulieren. Das Expertensystem benutzt dann diese Regeln, um die Suche nach einer Lösung
einer gegebenen Instanz eines Problems zu leiten.

Expertensysteme mit annehmbarem – oft sogar ausgezeichnetem – Leistungsniveau wurden beispielsweise für einige Arten medizinischer Diagnose konstruiert, aber auch um die Struktur eines Moleküls aus seiner Atomformel und seinem Massenspektrogramm zu bestimmen, um Ölvorkommen zu finden oder um beim Aufbau von Computersystemen zu helfen. Wir müssen jedoch beachten, daß Expertensysteme nicht nur auf heuristischer Suche aufbauen, sondern auch auf Regeln, welche die Funktionsweise des Expertensystems steuern; und diese Regeln wurden gemäß der Befragung von Experten formuliert, die vielleicht nicht immer nach strengen Regeln vorgehen! Die Wahrscheinlichkeit eines unerwarteten, vielleicht sogar katastrophalen Verhaltens eines Expertensystems ist daher nicht vernachlässigbar. Manche Leute drücken es so aus: Würden Sie zulassen, daß sich im Notfall eine computerisierte Intensiveinheit um sie kümmert, die nach den Richtlinien eines Expertensystems programmiert wurde? Unter seltenen Umständen könnte die Einheit eine falsche Arznei verabreichen oder im falschen Moment ein entscheidendes Ventil schließen. Ihr Verhalten wird von Regeln regiert, die aus Interviews mit Ärzten stammen – Ärzte, die in ungewöhnlichen Fällen nicht nach festen, formulierbaren Regeln handeln.

Das Problem der Wissensrepräsentation wird besonders dringlich, wenn wir **Lernen** und **Planen** betrachten. Angenommen, wir wollen ein Dameprogramm schreiben, welches aus seinen Fehlern lernt. Wie funktioniert das? Wie stellen wir die entscheidenden Daten dar? Soll das Programm einfach eine Liste aller Stellungen und Züge anlegen, die sich in vorherigen Spielen als schlecht erwiesen haben, und jedesmal diese Liste durchgehen, um einen Fehler nicht zweimal zu machen? Oder sollten wir versuchen, allgemeine Regeln eines guten Spiels festzustellen, gegebenenfalls zu verbessern und diese dann zu benutzen, um die Heuristiken anzupassen? Diese Fragen werden bei offeneren Themen noch viel schwieriger: Wie lernen Kinder? Wie repräsentieren sie das Wissen, das ihnen erlaubt, Gegenstände zu erkennen oder Sätze zusammenzustellen? Wie erinnern sich Erwachsene an die ausgedehnte Wissensmenge, wie finden sie sich darin zurecht, so daß sie lernen können, Abhandlungen zu schreiben, ihre persönlichen Geldangelegenheiten zu regeln oder sich an eine neue Umgebung anzupassen?

Ein weiterer Gesichtspunkt der Intelligenz ist ihre Fähigkeit zur Planung. Es gibt ausgeklügelte bewegliche Roboter, die in vergleichsweise einfachen Umgebungen eine Abfolge von Bewegungen planen können, welche sie ans Ziel bringen. Wie tun sie das? Suchen sie einfach alle Möglichkeiten durch, oder benutzen sie ein feineres Wissen, das es ihnen sozusagen ermöglicht vorauszudenken und tatsächlich mit dem Ziel vor Augen zu planen? Auch hier machen kompliziertere Umgebungen die Dinge viel schwieriger: Wie plant ein Mensch eine Reise; wie stellt er ein Schema auf, um am Jahresende eine positive Bilanz aufzuweisen; wie denkt er sich eine Strategie aus, um einen Krieg zu gewinnen? Viel zu wenig ist darüber bekannt, wie wir selbst mit solchen Aufgaben umgehen, und daher sind wir auch weit davon entfernt, sie einem Computer beibringen zu können, selbst mit der Hilfe lernfähiger Mechanismen wie den neuronalen Netzen.

Natürliche Sprache verstehen

Es gibt eine nette Art, sich der Schwierigkeiten bewußt zu werden, welche die Computerisierung von Intelligenz bietet: Man schaue sich näher an, wie eine gewöhnliche natürliche Sprache funktioniert. Es geht uns hier um das *Verstehen* der Sprache – nicht nur um das Erkennen von Wörtern. Dennoch ist es lehrreich sich anzuschauen, welche Art von Fehlern ein Spracherkennungsprogramm machen kann. Der Satz

Japanische Wagen sind zuverlässig

kann leicht mißverstanden werden als

Japanische Waagen sind zuverlässig.

Ähnlich kann man sich bei

In diesem Wald gibt es wilde Beeren

leicht verhören und

In diesem Wald gibt es wilde Bären

verstehen. Und die bekannte amerikanische Formel

I pledge allegiance to the flag
(ich gelobe Treue der Fahne)

kann, wenn sie von Schulkindern dahingemurmelt wird, wie

I led the pigeons to the flag
(ich lasse die Tauben zur Fahne)

verstanden werden. Spracherkennung ist ein Paradies für Sprachspielereien![14]

Wenn es nun gar um die Bedeutung der Sprache (Semantik) geht, wird es noch heikler. Viele Sätze kann man ohne Zusammenhang (Kontext) nicht verstehen, oder ohne Kenntnis gewisser Nuancen, Redewendungen und Jargons. Bisweilen muß man gar mit den Eigenarten des Sprechers vertraut sein. Ein berühmtes Beispiel betrifft den Ausspruch:

The spirit is willing but the flesh is weak.
(Der Geist ist willig, aber das Fleisch ist schwach.)

Es wird erzählt, dieser Satz sei von einem einfachen, wörterbuchbasierten Übersetzungsprogramm erst ins Russische und dann zurück ins Englische übersetzt worden, mit dem Ergebnis:

The vodka is strong but the meat is rotten.
(in etwa: Der Wodka ist stark, aber der Braten verfault.)

Der Hauptschuldige heißt „Mehrdeutigkeit"! Lesen Sie folgenden Satz:

Hans setzte sich an den Tisch, auf dem er eine große Schüssel Obstsalat neben dem Korb mit dem Brot vorfand. Er brauchte eine Weile, doch am Ende schaffte er es, alles zu essen und zu verdauen.

---

[14] Daß man im Treueschwur Tauben hören könnte, wurde vor einigen Jahren von W. Safire in einer seiner Kolumnen *On Language* in der *New York Times* beschrieben.

Was genau aß Hans? Den Obstsalat, das Brot oder beides? In gewissen Zusammenhängen könnte es auch die Schüssel oder der Korb sein, ja sogar der Tisch! Die Grammatik allein hilft jedenfalls nicht viel. Was zählt, ist die beabsichtigte Bedeutung, auf die vermutlich im Kontext versteckt hingewiesen wurde.

Die folgenden Sätze sind grammatikalisch gleichartig, unterscheiden sich aber im inhaltlichen Verhältnis ihrer verschiedenen Teile zueinander:

Die Diebe versteckten sich vor der Polizei.
Die Diebe versteckten sich vor der Stadt.
Die Diebe versteckten sich vor Tagesanbruch.

Das richtige Verständnis dieser Sätze hängt von der Bedeutung der Wörter „Polizei", „Stadt" und „Tagesanbruch" ab. In Anbetracht des Reichtums unseres Wortschatzes ist nur schwer vorhersehbar und daher kaum zu automatisieren, welcher Fall vorliegt. Das gleiche Phänomen taucht auch in diesen Sätzen auf:

Die Diebe stahlen die Juwelen; einige von ihnen wurden
später verkauft.
Die Diebe stahlen die Juwelen; einige von ihnen wurden
später gefangen.
Die Diebe stahlen die Juwelen; einige von ihnen wurden
später gefunden.

Hier beziehen sich „verkauft" auf die Juwelen, „gefangen" auf die Diebe und bei „gefunden" ist beides möglich. Aber selbst dies ist nicht sicher: Vielleicht spielt unsere Geschichte in einem Land, in dem Diebe als Sklaven verkauft werden – dann wird auch der erste Satz zweideutig. Wenn der zweite Satz mit „Die Diebe warfen die Juwelen aus dem Fenster" begänne, wäre er es ebenso. Erneut taucht die Problematik von Bedeutung, Verstehen und Wissen in all ihrer Schärfe auf. Wir benutzen neben Wort- und Grammatikkenntnissen eine *ungeheure* Menge an Wissen, um gewöhnliches Deutsch klar zu verstehen. Dieses Wissen ausfindig zu machen und es in einer Weise darzustellen, die seine verwickelten Wechselbeziehungen einfängt und einen nutzbringenden Einsatz ermöglicht:

dies taucht als das zentrale und grundlegende Problem bei Spracherkennung und Sprachverarbeitung immer wieder auf.

Wir behaupten nicht, daß es unmöglich oder hoffnungslos ist. Nur ist es viel, viel schwieriger, als man denkt, und betrifft viel, viel mehr als augenscheinlich.

Wir wollen das Kapitel mit drei erdachten Gesprächen zwischen einem Menschen und einem futuristischen, intelligenten Anrufbeantworter, sagen wir aus dem Jahre 2025, beenden.[15] Es lohnt sich, neben dem Amüsement darüber nachzudenken, wie ein Mensch mit diesen Situationen umgehen würde, und wie hoffnungslos es scheint, einem Computer ein intelligentes Verhalten beizuprogrammieren.

Erstes Gespräch

Maschine: „Hallo, hier bei Hans!"

Stimme: „Ah, Sie sind's. Hören Sie, hier ist sein Chef. Ich brauche Hans sofort. Können Sie ihn aufspüren und ihm ausrichten, er soll mich zurückrufen?"

Maschine: „Es tut mir leid, Herr Seinscheff. Hans spielt heute nachmittag Golf und bat, nicht gestört zu werden."

Stimme: „So, tat er das? Schauen Sie, ich bin ungeduldig heute nachmittag und muß Nerven schonen. *Sein Chef* ruft an, nicht Herr Seinscheff, Sie Idiot. Holen Sie Hans und zwar sofort!"

Maschine: „Es freut mich zu hören, daß Sie heute nachmittag Zeit für Ihre Patienten haben, Herr Dr. Ungeduldig. Die Geschäfte müssen gut laufen. Wenn Sie Hans' Chef erreichen wollen, wählen Sie die 553 88 61. Hier in Hans' Büro werden Sie ihn bestimmt nicht antreffen; in unserem Telefonbuch führen wir ihn unter dem Spitznamen ‚Das Monster'."

Stimme: „Dann nimm diese Nachricht auf, du Ausgeburt eines Chips, und mach *das* wenigstens ordentlich! Sag ihm, daß er nicht einmal soviel wert ist wie die Leertaste auf deiner Tastatur. Er ist gefeuert!!"

(...*Klick*...)

---

[15] Nach R. W. Lucky „The Phone Surrogate", *IEEE Spectrum* **23**:5 (1986), S. 6.

Zweites Gespräch

Maschine: „Hallo, hier bei Hans!"
Stimme: „Oh, hallo, liebe Maschine. Ich wollte nur nachfragen, ob
mit dem Abendessen alles in Ordnung geht und so."
Maschine: „Aber natürlich, Claudia. Ich habe hier den Eintrag:
Donnerstag am üblichen Ort."
Stimme: „Hier ist Barbara, Hans' Verlobte. Wer ist Claudia?"
Maschine: „Oh, Barbara, Ich habe deine Stimme nicht erkannt. Ich
habe noch nie von einer Claudia gehört."
Stimme: „Aber du sagtest doch gerade, daß er am Donnerstag mit
ihr essen geht!"
Maschine: „Ach, *diese* Claudia. Sind Sie sicher, daß Sie die rich-
tige Nummer gewählt haben? Hier ist der Anschluß von Martin
Fink."
Stimme: „Dieser Trick funktioniert bei mir nicht! Sag Hans, daß es
aus ist!"
Maschine: „Kein Anschluß unter dieser Nummer. Bitte überprüfen
Sie Ihre Nummer und versuchen Sie es noch einmal."
(... *Klick* ...)

Drittes Gespräch

Maschine: „Hallo, hier bei Hans!"
Stimme: „Sind Sie mit Ihren Geldanlagen zufrieden? Haben Sie
schon einmal steuerfreie Staatsanleihen ins Auge gefaßt? Falls
Sie mehr Informationen wünschen, hinterlassen Sie Ihren Na-
men und Ihre Adresse nach dem Signalton."
(... *Piep* ...)
Maschine: „Hallo ... hier bei Hans."
Stimme: „Danke, Herr Beihans. Lassen Sie mich Ihnen mehr über
unsere ungewöhnlichen Anlagemöglichkeiten erzählen ..."

Nachgedanken

Computer sind erstaunlich: Man kann es nicht oft genug sagen. Regale und ganze Buchhandlungen quellen über von Büchern, in denen es darum geht, was Computer können und wie man das meiste aus ihnen herausholt. Das sind die guten Nachrichten; dieses Buch hat sich dagegen auf die schlechten Nachrichten beschränkt.

Statt die harten Fakten und die offenen Fragen zusammenzufassen, scheint es angebrachter, mit einer anderen amüsanten Geschichte zu schließen. In dieser erfundenen Szenerie versuchen vier Roboter, die in vier der führenden KI–Laboratorien der USA gebaut wurden, ihre Intelligenz zu nutzen, um eine vielbefahrene Schnellstraße zu überqueren.[16]

Der erste kommt aus einem Labor, in dem logisches Ableiten und Planen entscheidende Teile der KI–Forschung bilden. Dieser Roboter steht am Straßenrand, schaut nach rechts und links, ganz schwindlig von den vorbeizischenden Autos und Lastwagen, und wartet darauf, daß die Situation sich beruhigt und stabilisiert, damit er seine tiefgehenden, betrachtenden Ableitungsfähigkeiten benutzen kann, um einen Plan zum Überqueren der Straße zu entwickeln. Natürlich wartet er heute noch.

Der zweite Roboter kommt aus einem Labor, das sich in der komplizierten Robotik mechanischer Fortbewegung auszeichnet: laufen, rollen und springen. Mitten im Verkehr hüpft dieser Roboter auf seinem einzigen Sprungbein verzweifelt auf und ab und hin und her, verhindert es immer nur knapp, umgefahren zu werden, kommt aber der anderen Straßenseite nicht näher.

---

[16] Diese Geschichte lehnt sich an einen weitverbreiteten Witz an, den man in K. J. Hammond *Case-Based Planning: Viewing Planning as a Memory Task*, Academic Press, New York 1989, S.XXI–XXII, findet.

Der dritte kommt aus einem reichen Labor, das alle Arten an
großangelegter KI–Forschung betreibt und immer wieder umfangreiche Drittmittel einwirbt. Die Straße ist übersät mit den Wracks
zusammengefahrener Roboter aus diesem Labor, und noch viele dieser tapferen und loyalen Maschinen warten auf der einen Straßenseite darauf, zu einem neuen Versuch ausgesandt zu werden, wie die
Infanterie im ersten Weltkrieg in den Schützengräben.

Das vierte Labor sieht Herz und Seele der KI im Verständnis,
in der Analyse und Synthese natürlicher Sprache. Ihr Roboter sitzt
am Straßenrand, nickt sachte mit dem Kopf und sagt: „Ja, ich weiß;
und das erinnert mich an eine andere Geschichte … "

Sachverzeichnis